河川管理のための流出計算法

岡本芳美 [著]

築地書館

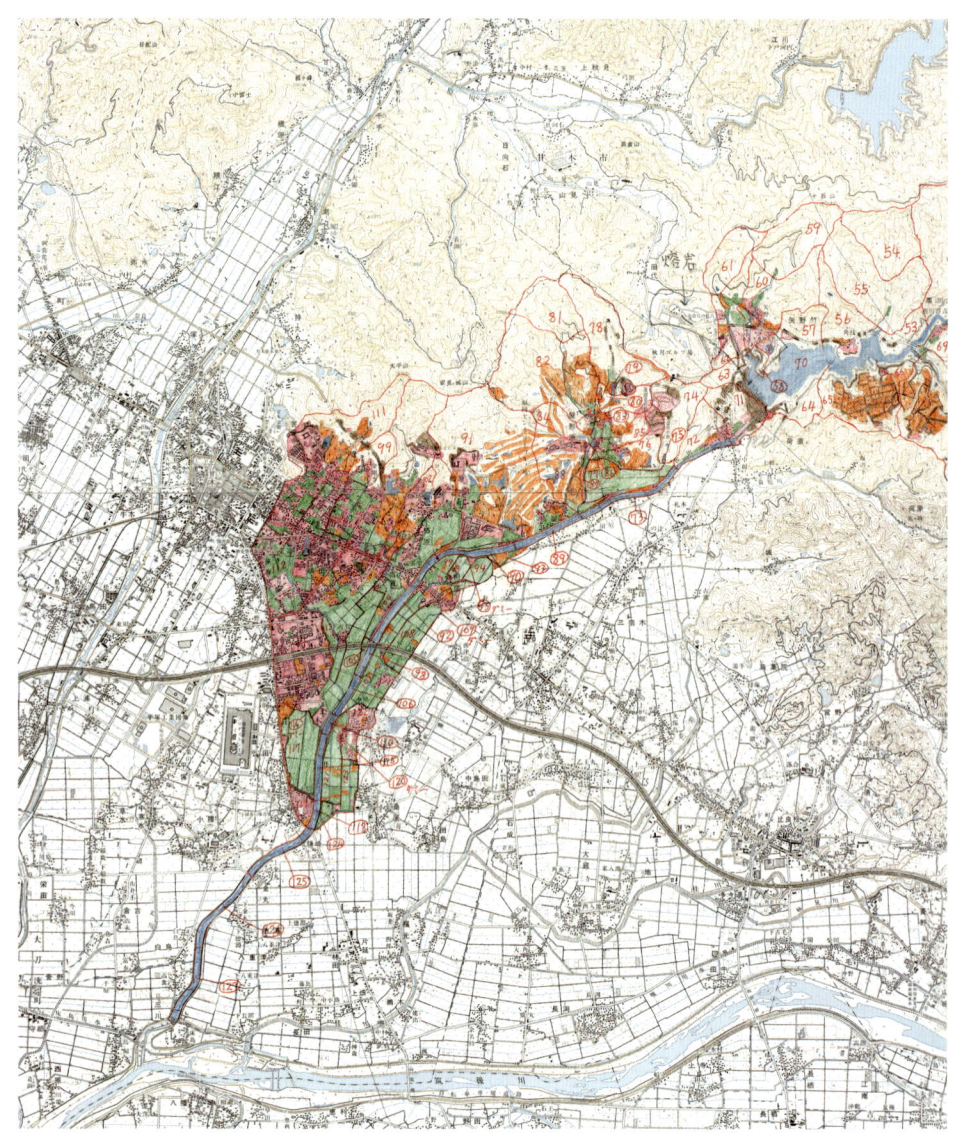

(1) 分割の土地利用の状況 (63頁参照)
(1) (2) 共に国土地理院発行の2万5千分の1
地形図 (甘木・小石原・田主原・吉井) を使用。

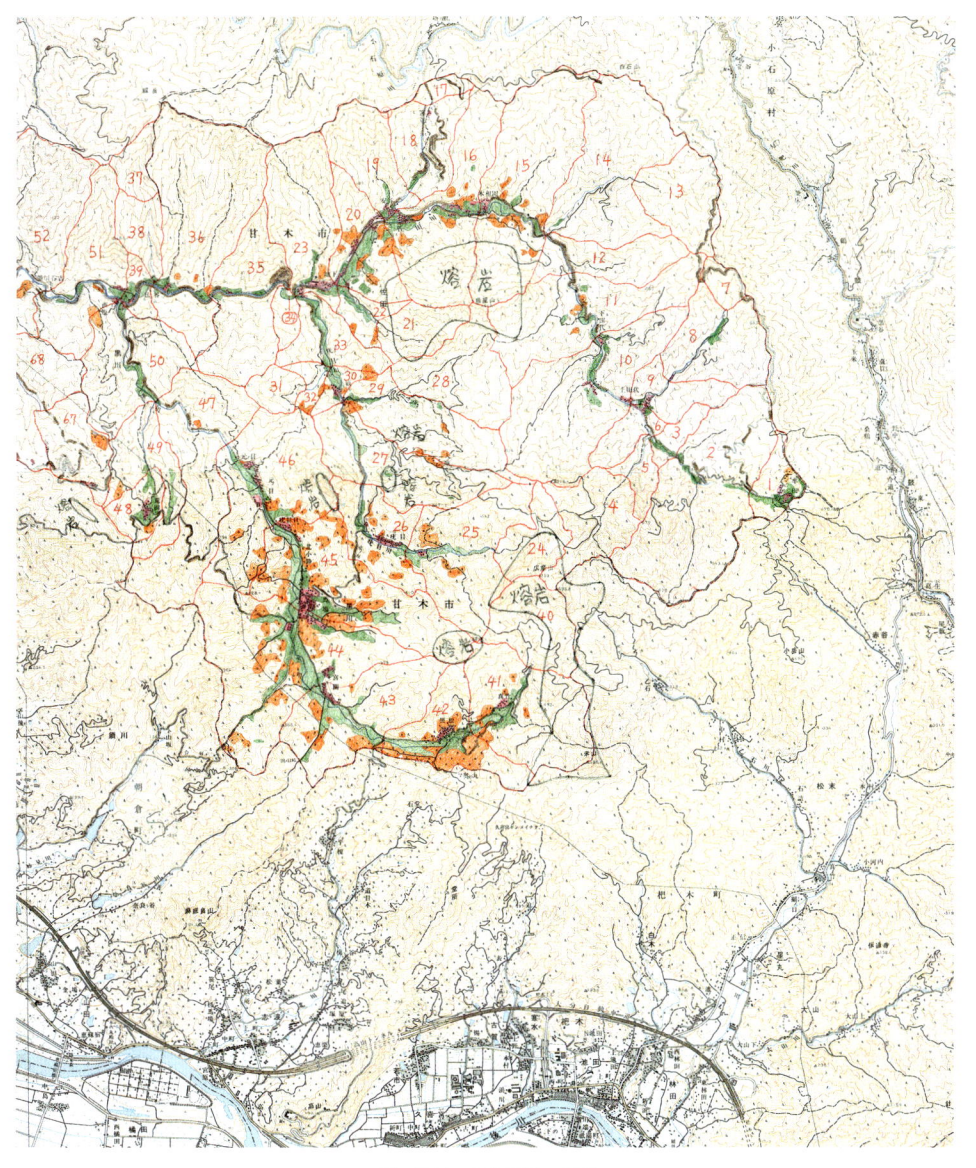

(2) 分割の土地利用の状況

はじめに

　本書は、旧新潟大学岡本水文・河川研究室が提起した降雨の流出計算のためのマルチ・タンク・モデルに基づいて後継の岡本水文・河川研究所が開発した、河川管理のための雨から川の任意の地点の流れの量を計算する分割法の解説書です。

　本書は２部構成になっています。
　第１部においては、完全な計算例を示しながら、分割法を詳細、かつ具体的に説明しております。
　第２部においては、基礎モデルの流出計算マルチ・タンク・モデルを漏れなく説明し、モデルが持つ係数の値を示しています。

　本書で述べられている方法によれば次に列挙する事柄が容易です。

・過去・未来の川の流れを計算出来る
・気候の温暖化に伴う川の流れを計算出来る
・山地の荒廃の影響を計算出来る
・複雑化した水利体系を計算出来る
・降雨の地域分布の効果を計算出来る
・河道の効果を計算出来る
・水田の治水効果を計算出来る
・山林の効果を計算出来る
・地質の効果を計算出来る
・地形と土地利用の効果を計算出来る
・小さな川からどんな大きな川まで適用出来る
・水文データの無い川に適用出来る
・モデルの修正や追加が自由に出来る
・計算の中を見ること、説明責任を果たすことが出来る
・短期間と長期間の区別なく計算が出来る
・計算開始時の川の状態を的確に計算に導入出来る
・大雨が降って大水が出た時、川のどの地点で大水が溢れ、洪水になるか計算出来る

　また、書籍刊行と並行して、本書の内容を完全にコンピュータ・プログラム化した『分割法ファイル』をインターネット上で公開しております。

この計算法の普及によって日本の国のより豊かな河川環境が確保されることを願っております。

2014 年 2 月

旧新潟大学岡本水文・河川研究室
現岡本水文・河川研究所

元新潟大学教授

工学博士　　岡本芳美（をかもとよしはる）

目　次

はじめに　i

第Ⅰ部　分割法

第1章　計算システムの概要
   1　分割法について　2
   2　計算手順について　2
   3　帳票について　4
   4　抽出票について　4
   5　特に準備すべき機器・用具・用品等について　4
   6　大流域への適用について　5
   7　雷雨のような短時間集中豪雨への対応について　6

第2章　帳票
   1　帳票の種類　7
   2　帳票によるデータ入力の仕方について　7
   3　帳票一覧　8

第3章　計算の手続きの全容
   1　作業図面の準備　22
   2　流域の分割　24
   3　基礎データの登録　29
   4　地形の測定　31
   5　土地利用状況の判定　33
   6　土地利用の測定　35
   7　調査　38
   8　計算条件の設定　47
   9　水文データの蒐集　51
   10　計算機等の準備　52
   11　データの入力　53

12　計算の実行　53
　13　完全な計算例　55

第4章　分割法の多機能性について
　1　分割法の多機能性　94
　2　過去・未来の川の流れを計算出来る　94
　3　気候の温暖化に伴う川の流れを計算出来る　95
　4　山林の荒廃の影響を計算出来る　96
　5　複雑化した水利体系を計算出来る　97
　6　降雨の地域分布の効果を計算出来る　98
　7　河道の効果を計算出来る　98
　8　水田の治水効果を計算出来る　100
　9　山林の効果を計算出来る　104
　10　地質の効果を計算出来る　106
　11　地形と土地利用の効果を計算出来る　107
　12　小さな川からどんな大きな川まで適用出来る　111
　13　水文データの無い川に適用出来る　112
　14　モデルの修正や追加が自由に出来る　112
　15　計算の中を見ること、説明責任を果たすことが出来る　113
　16　短期間と長期間の区別なく計算が出来る　113
　17　計算開始時の川の状態を的確に計算に導入出来る　113
　18　大雨が降って大水が出た時、川のどの地点で大水が溢れ、洪水になるか計算出来る　114

第Ⅱ部　基礎モデル

第1章　モデル組み立ての基礎
　1　分割法の基礎モデル　116
　2　分割　116
　3　分割の地形　119
　4　分割の地層の構成　120
　5　分割の山の地質　121
　6　分割の土地の形態　121
　7　各土地の排水路とその他の川の長さ　122
　8　各土地の排水路・その他の川・区間の川の流れの単純化　122
　9　地下水の流れの単純化　123

10　流出計算の流れ　　123

第2章　5種類の理論タンクとその計算方法
　　　1　タンクの種類　　125
　　　2　溢流頂がある差し引きタンク　　125
　　　3　溢流頂がない線形タンク　　125
　　　4　溢流頂がある線形タンク　　126
　　　5　溢流頂がない疑似非線形タンク　　127
　　　6　溢流頂がある疑似非線形タンク　　128

第3章　要素モデルによる全体モデルの組み立て

第4章　要素モデルの全容
　　　1　降雨モデル　　133
　　　2　蒸発発散モデル　　134
　　　3　山の谷川の面モデル　　135
　　　4　山の林モデル　　137
　　　5　山の水田モデル　　143
　　　6　山の畑モデル　　146
　　　7　山の市街モデル　　148
　　　8　山の林の道路モデル　　151
　　　9　山の高速道路モデル　　153
　　　10　山の露岩モデル　　153
　　　11　山の荒廃林地モデル　　155
　　　12　山の静水面モデル　　155
　　　13　平地の小川の面モデル　　156
　　　14　平地の水田モデル　　157
　　　15　平地の畑モデル　　162
　　　16　平地の林モデル　　165
　　　17　平地の市街モデル　　169
　　　18　平地の高速道路モデル　　172
　　　19　平地の崖モデル　　174
　　　20　平地の静水面モデル　　176
　　　21　平地の野原モデル　　177
　　　22　湖の水面モデル　　177
　　　23　区間の川の面モデル　　177

24　山の中間層モデル　　179
　　25　山の地下水層モデル　　182
　　26　平地の地下水層モデル　　184
　　27　山の谷川の河道モデル　　185
　　28　平地の小川の河道モデル　　188
　　29　区間の川の河道モデル　　189

第5章　初期値の設定
　　1　計算開始時の水系の状態を表す指標値　　193
　　2　計算開始流量の配分　　194
　　3　タンクの計算開始水深の決定　　194

第6章　特定流域独自のモデルの係数の値の設定規則
　　1　マルチ・タンク・モデルの出発点　　196
　　2　マルチ・タンク・モデルの係数を試算で求めるためにはどのような流量観測の仕方が望ましいか　　198
　　3　係数の敏感度について　　200
　　4　流域独自のモデルの係数の値設定規則の求め方　　201
　　5　検証流量が無い流域についての計算結果の処理　　201

分割法プログラムの公開について　　203

おわりに　　204

索引　　212

第Ⅰ部　分割法

第1章　計算システムの概要

1　分割法について

　本計算方法は、基礎となる流出計算マルチ・タンク・モデルが降雨の流出現象と流出過程を細密に分割して組み立てられていることと、計算が地形図上における計算流域の細密な分割から始まること、の両方から分割法と命名された。

　分割法は、国土地理院発行の2万5千分の1の地形図を計測して得られるデータを基本データとしている。

　分割法で行わなければならない諸作業は、第2章に掲げる帳票で全て規定されている。すなわち、それ等以外のものは何も無い。作業の仕方は、全て、明確に指示されており、第3章で詳述されている。

　分割法は、その値を設定しなければならない多くの係数を有している。それ等の値は、第Ⅱ部で示されている。計算流域が水文データのない流域の場合、そこで示されている値をそのまま使用すればよい。水文データのある流域の場合、そこで示された値を出発点にして、より良き流出流量の再現結果を得るための繰り返し計算を行えばよい。それについての考え方は、第Ⅱ部の最後で示されている。

　分割法は、全国北から南までの多数の川で試験されてきている。そして、最終的に、日本最大の川の利根川に適用され、方法論が確定されている。

　分割法の計算プログラムは、ANSI-C言語で組まれているオープン・ソフトである。利用者は、状況に応じて自由に変更・追加が出来る。

　分割法は、川の流れの逆流が起こる河道区間を除いて、日本の川のどんな状況に対しても適用出来るようになっている。すなわち、前記河道区間を除けば、流域の大小を問わず、本法を適用出来ない川は無い。

2　計算手順について

　分割法の計算手順を一覧したのが次の表-1である。ここで、結果記入先は、行った作業の結果が記録される場所を指す。

表-1 計算手順の一覧

大分類		細分類作業項目		結果記入先
I	作業図面の準備	1	地形図の準備	帳票A
		2	地質図の準備	新地質図
II	流域の分割	3	水系の区切り	地形図
		4	流域の分割	地形図
		5	分割への一連番号の付与	地形図
		6	水系構成図の作成	水系構成図
III	基礎データの登録	7	分割の帳票の準備	帳票B
		8	水系の名前と流域の分割数の登録	帳票B
		9	湖に流入する分割と湖の岸の分割が流入する湖の分割の番号の登録	帳票B
		10	ダムの名前と番号の登録	帳票B
		11	分割の合流関係の登録	帳票B
IV	地形の測定	12	分割の図心・面積と区間の川の長さの測定	帳票B
		13	湖水面の標高の測定	帳票B
		14	分割の出口の標高と落差の測定	水系構成図 帳票B
		15	分割の山の部分の最高標高の測定	帳票B
V	土地利用の判定	16	分割の土地利用状況の判定	地形図
		17	区間の川の判定	帳票B
		18	分割の山の地質の判定	帳票B
		19	分割が属する作柄表示地帯の判定	帳票B
VI	土地利用の測定	20	分割の土地利用の抽出	抽出票
		21	抽出された面積の測定	帳票B
		22	抽出された線の長さの測定	帳票B
VII	調査	23	三角洲上の水田の地下排水に関する調査	帳票B
		24	区間の川に関する調査	帳票B
		25	内水になる分割に関する調査	帳票B
		26	排水機を持つ分割に関する調査	帳票B
		27	分流に関する調査	帳票B
		28	分派に関する調査	帳票B
		29	治水ダムに関する調査	帳票B・C
		30	利水ダムに関する調査	帳票B・D
		31	用水の取水に関する調査	帳票E
		32	他水系流量に関する調査	帳票F
		33	用水補給に関する調査	帳票G
		34	発電余水吐に関する調査	帳票H
		35	水文観測所に関する調査	帳票I
VIII	計算条件の設定	36	計算期間の設定	帳票J
		37	計算開始時の流域出口の流量の設定	帳票J
		38	計算開始時の流域の乾燥度の設定	帳票J
		39	計算開始時の利水用貯水池の貯水状況の設定	帳票J
		40	計算結果の表示地点の設定	帳票K
IX	水文データの蒐集	41	時間雨量データの蒐集	帳票L
		42	時間流量データの蒐集	帳票M
		43	日気温データの蒐集	帳票N
X	計算機等の準備	44	計算機と計算ソフトの準備	
XI	データの入力	45	帳票データの計算機入力	Linux計算機
XII	計算の実行	46	計算の実行	Linux計算機

3 帳票について

分割法の計算機への計算データの入力は帳票により行われるようになっている。すなわち、分割法で行われる作業は、全て帳票への記入項目で規定されている。

分割法で用いられる帳票名を一覧し、そこに登録されるデータの概略を示したのが表-2である。なお、帳票は、その正式の呼び名と別に、A～Nの記号が付けられている。

表-2 帳票一覧

記号	呼び名	登録する項目
A	地形図	番号／名前／図郭左下の経緯度
B	分割	属する水系の名前と分割数／番号／種類／図心が属する地形図の番号・座標／面積／区間の川長さ／出口の標高と落差／湖の場合の湖水面標高と落差／流入する湖の分割番号／属する農業地帯／内水の分割の場合のデータ／分流・分派をする場合のデータ／出口がダムの場合のダム関係データ／合流関係／平地と山腹の地形地質・土地利用のデータ区間の川の種類とデータ
C	治水ダム諸元	番号／洪水調節方式／調節諸元／出水期間
D	利水(用水)ダム諸元	番号／利水目的／高水流量／年間分割数／分割期間／期間最大貯水量／責任放流量
E	用水取水放水諸元	種別／番号／用水名／用水期間／取水開始流量／最大取水量／取水停止流量／取水位置と放水位置
F	他水系流量放水諸元	番号／名前／流量種別／放水位置
G	用水補給諸元	種別番号／種別／名前／補給ダム番号／年間期別／指定流量／最大補給量／コントロール地点
H	発電余水放水諸元	番号／名前／関係発電所数／発電所番号／最大取水量／放水位置
I	水文観測所	種別番号／種別／名前／位置／雨量の場合の観測状況
J	計算期間と開始条件	番号／計算期間／計算開始流量と流域乾燥度／利水ダムの番号と計算開始時貯水量／面積雨量補正係数
K	計算結果表示地点	番号／表示位置／実測流量有りの場合の流量ファイル名／表示位置に名前を付ける場合の名前
L	時間雨量	番号／西暦年月／期間番号／期間内時間雨量
M	時間流量	番号／西暦年月／流量種別／期間番号／期間内時間流量
N	日気温	番号／西暦年月／月間日平均気温

4 抽出票について

抽出票（以後、土地利用抽出票）は、分割内の土地利用面積や山林内一般道路・鉄道長さを地形図上で直接測定するのが難しい。そこで、一旦抽出するためのものである。

5 特に準備すべき機器・用具・用品等について

1) 準備すべき機器・用具・用品の種類

分割法において特に準備すべき機器・用具・用品等を表-3と4に挙げ、それぞれ必要になる場面を示す。

表-3 特に準備すべき機器・用具等一覧

特に準備すべき機器・用具	必要になる場面
多機能プラニメータ	面積・線長・図心の測定
ステンレス製直線定規（60 cm）	地形図の準備
縁が丸くなっている作業台	幅2m奥行1m以上程度の台が望ましい
製図用ディバイダー	地質図作成用
製図用文鎮	重さ1kgのもの
電動消しゴム	帳票のデータ登録用
OS が Linux の計算機	データの入力と計算の実行用
PostScript 対応プリンター	計算結果の表示用

表-4 特に準備すべき用品の一覧

用品	必要になる場面
硬質色鉛筆	流域の分割時
	土地利用の色分けと土地利用抽出用
コピー用紙	帳票の作成用
大判方眼紙	水系構成図の作成用
A4判トレーシングペーパー	土地利用の抽出用
製図用テープ	地形図等の一時繋合せ用等
剥がすことが出来る透明テープ	同上

2) 特にコンピュータ・システムについて

　分割法の計算プログラムは、ANSI-C 言語を用いて書かれている。また、大量のメモリーが必要になるので、OS として Linux をインストールした次の計算機の利用が考えられる。

ヒューレットパッカード社製　Workstation HP Z620/CT　OS なしモデル
メモリー数　32・64・96GB

　メモリー数 96GB を選べば、日本国に関する限り、どのように大きな流域の計算も行える。

6　大流域への適用について

　分割法においては、計算流域を分割して、分割による水系の構成図を作り、これを基本にして、全ての作業を進めていくようになっている。分割には"1"から始まる"一連番号"の呼び名が付けられ、一番大きな番号を流域の分割数と呼んでいる。流域の分割数の上限は、無い。
　分割法は、"上流は下流に対して独立である"と言う前提が成り立てば、具体的に言

うと"川の流れの逆流現象の起こらない流域"であれば、どんな大流域、すなわちどんなに大きな分割数の流域に対しても適用出来る。

7　雷雨のような短時間集中豪雨への対応について

　分割法においては、現在、前正時から毎正時までの1時間の雨量を入力データとしている。そして、この雨量が1時間を通して変化無く、一様に降るものと仮定している。しかし、小さな川に大出水をもたらす雷雨による大雨は、直径が10km以内の範囲で、40分位しか降り続かない現象である。しかも、雨域の中心付近では瞬間の最大降雨強度が100 mm/hrを軽く超え、周縁では雨量が零になるような、時間的にも地域的にも激しい変化をする。

　このような集中豪雨が局所的に降っても、大きな川であれば、流れが急に増えるようなことは起こらない。しかし、流域面積が10 km^{2}以下というような小さな川になると、また大河川でもその中の谷川や小川、そして小さな川では、急激な大出水になり、人命が脅かされ、また時には失われることも起こる。

　このような瞬間的とも言える大水への絶対的な対応が求められる場合には、問題になる流域における雨量計の配置間隔を2km程度までに短くした上で、3分間雨量を入力し、計算流量の表示もこれに合わせて行えるようにする必要がある。しかし、これを行うに際して、分割法によれば、基本的に何の問題も起こらない。

第2章　帳票

1　帳票の種類

表-5参照。分割法では、以下の呼び名の帳票を作成する。これ等の帳票には、呼び名と別にA～Nの記号が付されている。また、これ等の帳票によってコンピュータ上に作られるファイルは、記号の英大文字を3つ繰り返した名前が付けられる。

表-5　帳票の種類

呼名	記号	ファイルの名前	用紙の大きさ
地形図	A	A A A	A4版
分割	B	B B B	A4版
治水ダム諸元	C	C C C	A4版
利水（用水）ダム諸元	D	D D D	A4版
用水取水放水諸元	E	E E E	A4版
他水系流量放水諸元	F	F F F	A4版
用水補給諸元	G	G G G	A4版
発電余水放水諸元	H	H H H	A4版
水文観測所	I	I I I	A4版
計算期間と開始条件	J	J J J	A4版
計算結果表示地点	K	K K K	A4版
時間雨量データ	L	L L L	A4版
時間流量データ	M	M M M	A4版
日気温データ	N	N N N	A4版

2　帳票によるデータ入力の仕方について

帳票を用いたデータ入力は、次のデータ列を用いて行うようになっている。

［データ番号データ数値］［改行］
［データ番号データ数値］［改行］
　　　　・
　　　　・

すなわち、1つのデータは、2桁か3桁の数字のデータ番号とそれに対応するデータの数字または文字の連続で構成され、データ番号とデータの間に区切り記号は入らない。

1枚の帳票のデータ番号は、1番から始まる、一連続の数字でなければならない。

3 帳票一覧

　A～Nの記号が付けられた帳票の原票を掲げる。また、土地利用抽出票の用紙の見本も加える。これ等の帳票により、データのデータ入力ソフトによるキーボード入力とOCR入力の両方が行える。

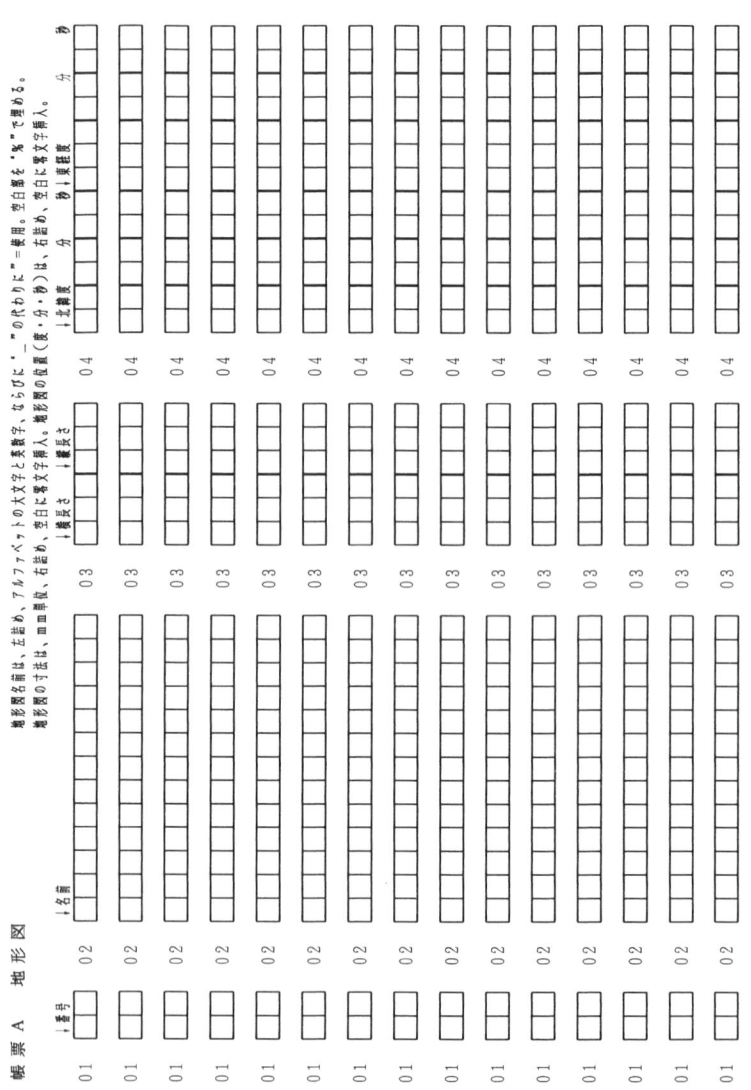

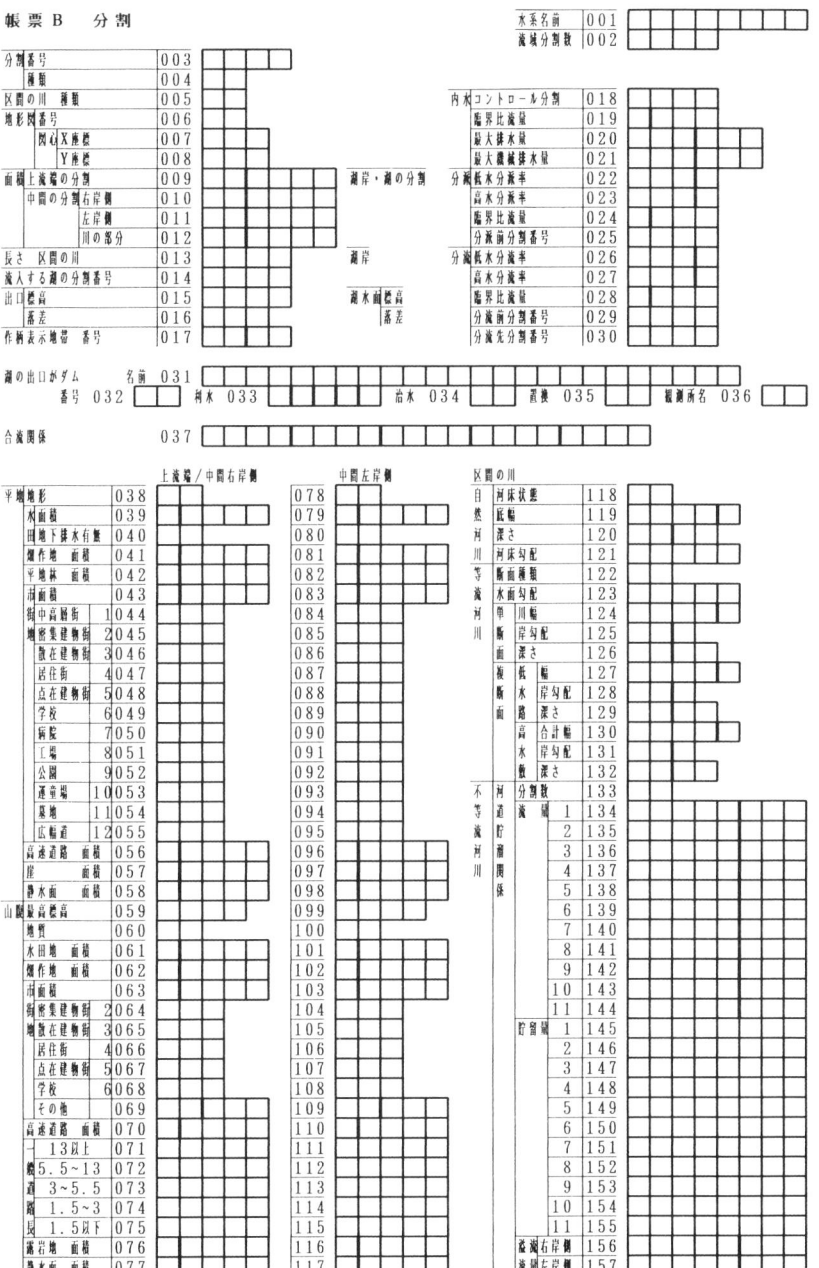

帳票C　治水ダム諸元

右詰め、空白に零文字挿入。貯水量と流量は、下1桁四捨五入

項目			番号	
ダムの番号			01	□□

自然調節方式　貯溜量曲線　分割数　02　□□

関係　　　　　　　　　貯水量(㎥)　　　　　　放流量(㎥/s)

1	03	14
2	04	15
3	05	16
4	06	17
5	07	18
6	08	19
7	09	20
8	10	21
9	11	22
10	12	23
11	13	24

最大貯水量　25
最大放流量　26

一定量放流方式
　一定量放流量　27
　最大貯水量　　28
　出水期間　始め月　29
　　　　　　始め日　30
　　　　　　終り月　31
　　　　　　終り日　32

一定調度方式
　貯溜量曲線　自然調節方式の部分に記入する
　開始放流量　33
　最大放流量　34
　出水期間　始め月　35
　　　　　　始め日　36
　　　　　　終り月　37
　　　　　　終り日　38

一定率調節方式
　一定量流量　39
　一定率　　　40　少数点位置固定、空白部零文字挿入
　最大貯水量　41
　出水期間　始め月　42
　　　　　　始め日　43
　　　　　　終り月　44
　　　　　　終り日　45　　データ終わり記号　46　XXXX

帳票D 利水（用水）ダム諸元

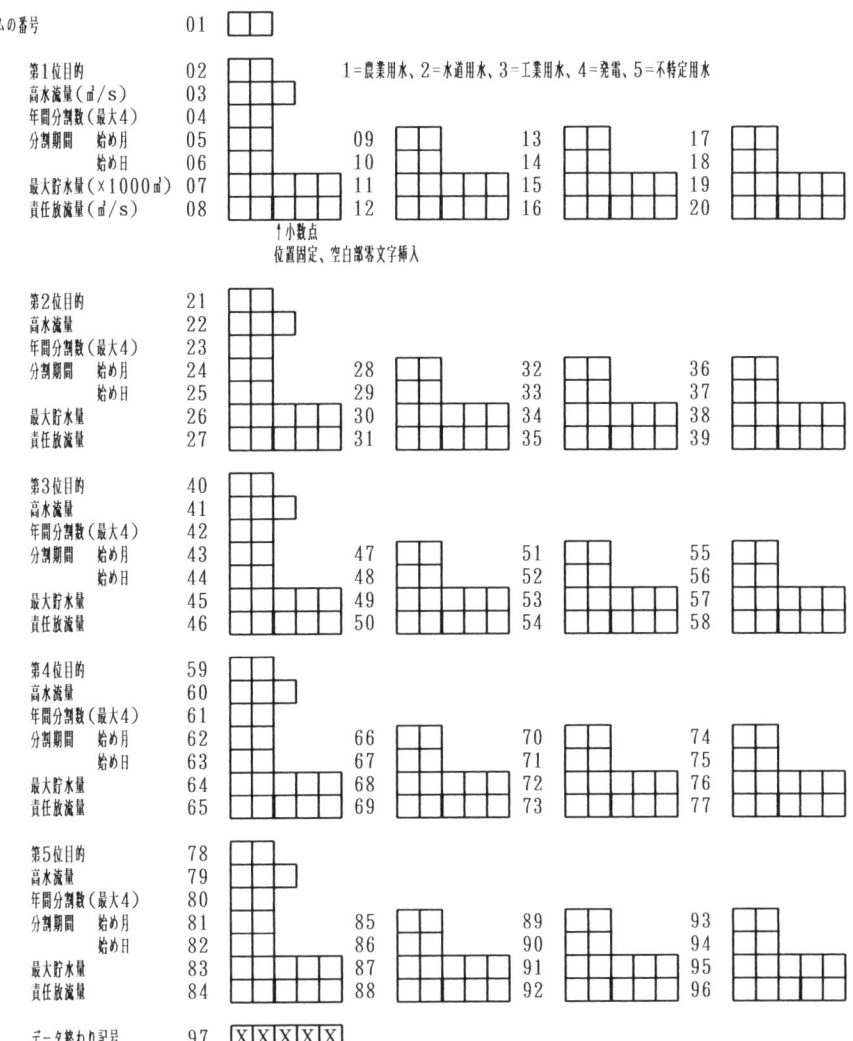

第Ⅰ部 分割法 第2章 帳票

帳票 E　用水取水放水諸元

名前は、左詰め、アルファベット大文字と英数字ならびに "_" の代わりに "=" のみ使用
数字は、右詰め、空白部零文字挿入

項目	番号	備考
用水種別	01	農業用水＝1、水道用水＝2、工業用水＝3、発電＝4、注水＝5
種別毎番号	02	
用水名前	03	16字以内。空白部は "%" で埋める
年分割数	04	

期間　順番　月　日　取水開始流量　最大取水量

順番	月	日	取水開始流量	最大取水量
1	05	06	07	
2	08	09	10	
3	11	12	13	
4	14	15	16	
5	17	18	19	
6	20	21	22	
7	23	24	25	
8	26	27	28	
9	29	30	31	
10	32	33	34	
11	35	36	37	
12	38	39	40	

↑少数点　↑少数点

項目	番号
取水停止流量	41
取水位置　分割の後　分割番号	42
合流点の後　分割番号の並び	43
湖から　湖の分割の番号	44
放水位置　分割の後　分割番号	45
合流点の後　分割番号の並び	46
湖へ　湖の分割の番号	47
データ終り記号	48　X X X X

帳票 F　他水系流量放水諸元

名前は、左詰め、アルファベット大文字と英数字ならびに "_" の代わりに "=" のみ使用
数字は、右詰め、空白部零文字挿入。
流量種別は、1＝瞬間流量、2＝1時間平均流量

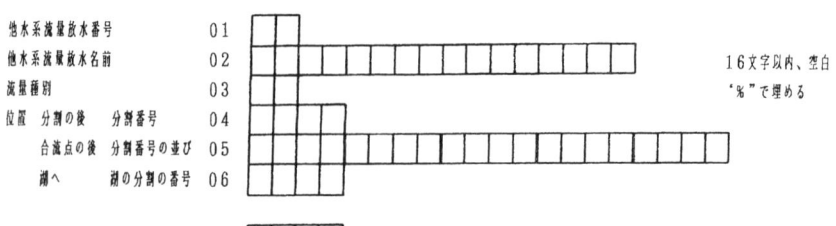

項目	番号	備考
他水系流量放水番号	01	
他水系流量放水名前	02	16文字以内、空白 "%" で埋める
流量種別	03	
位置　分割の後　分割番号	04	
合流点の後　分割番号の並び	05	
湖へ　湖の分割の番号	06	
データ終り記号	07　X X X X	

帳票 G　用水補給諸元

名前は、左詰め、アルファベット大文字と英数字ならびに"_"の代わりに"="のみ使用
数字は、右詰め、空白部零文字挿入。
用水補給種別は、1＝農業用水、2＝水道用水、3＝工業用水、4＝発電用水、5＝不特定用水

項目	番号
用水補給種別毎番号	01
用水補給種別	02
用水補給名前	03　（16文字以内。空白部は"＝"で埋める）
用水補給ダム番号	04
年分割数	05

期間　順番　月　日　策定流量　純人補給量
1　06　07　08
2　09　10　11
3　12　13　14
4　15　16　17
5　18　19　20
6　21　22　23
7　24　25　26
8　27　28　29
9　30　31　32
10　33　34　35
11　36　37　38
12　39　40　41

↑小数点　　↑小数点

位置　分割の後　分割の番号　42
　　　合流点の後　分割番号の並び　43

データ終り記号　44　XXXX

帳票H　発電余水放水諸元

名前は、左詰め、アルファベット大文字と英数字ならびに区切り記号 "=" のみを使用
数字は、右詰め、空白部零文字挿入。

項目	番号	備考
発電余水吐番号	01	
発電余水吐名	02	16文字以内。空白部は、"％"で埋める
関係する発電の数	03	
関係する発電の番号　1	04	
2	05	
3	06	
4	07	
5	08	
6	09	
7	10	
8	11	
9	12	
10	13	
最大取水量	14	↓小数点
位置　分割の後　分割の番号	15	
合流点の後　分割番号の並び	16	
湖へ　湖の分割の番号	17	
データ終り記号	18	X X X X

14

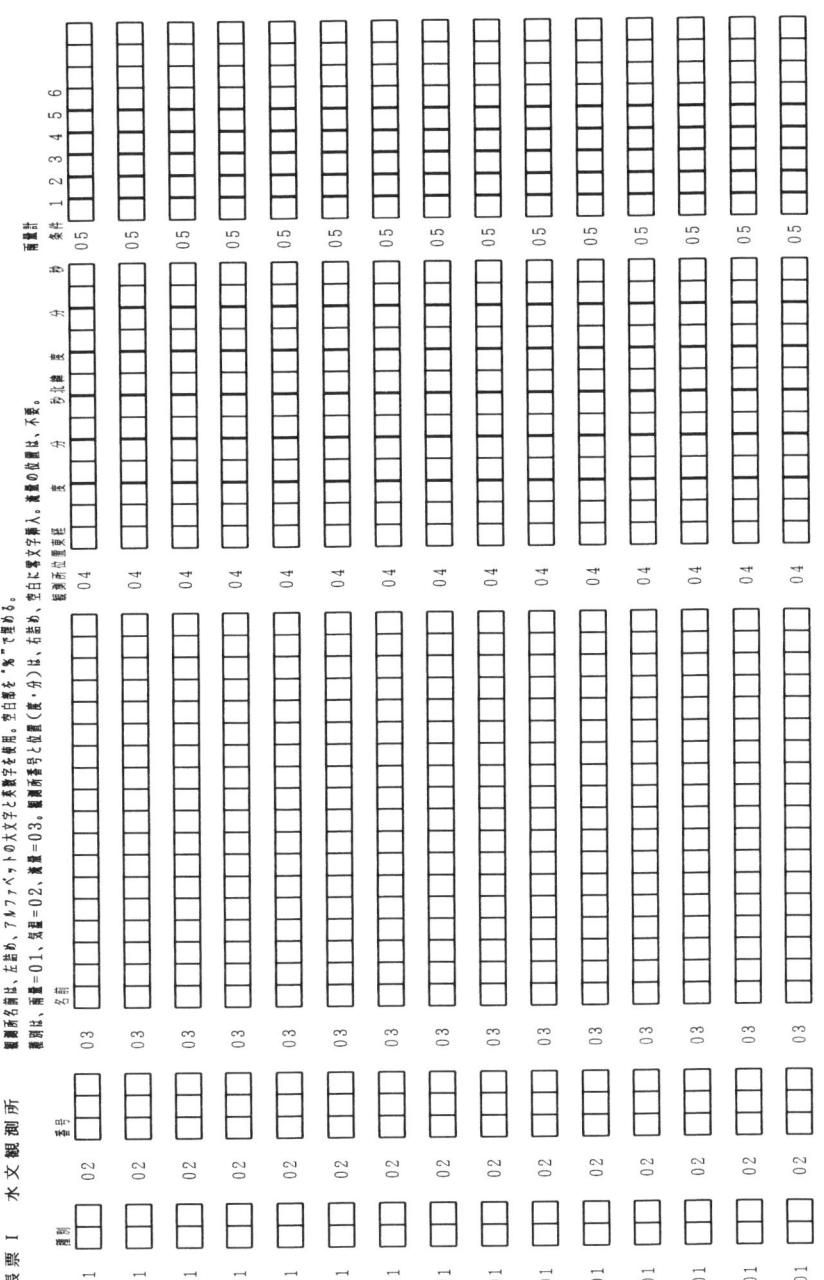

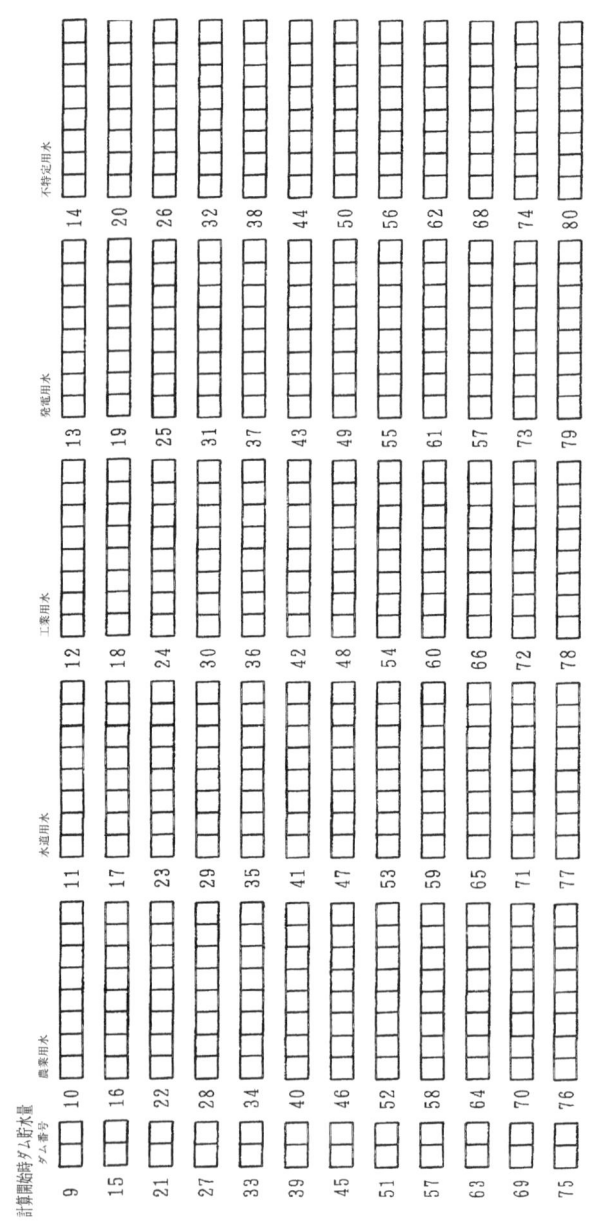

帳票 K　計算結果表示地点

表示地点数は、最大100
名前は、左詰め、アルファベットの大文字と数字ならびに"_"の代わりの"="のみ使用
名前は、必ず登録されたもの。間違えると、計算結果の表示を行わなくなる

項目	サブ項目	No.	
計算結果表示地点	表示番号	01	以下、数字は、右詰めで空白部零文字挿入
上流端の分割の後	分割の番号	02	
中間の分割の後	分割の番号	03	
湖の分割の後	分割の番号	04	
湖に流入する分割の後	分割の番号	05	
湖の岸の分割の後	分割の番号	06	
内水になる上流端の分割の後	分割の番号	07	
内水になる中間の分割の後	分割の番号	08	
排水機を持った上流端の分割の後	分割の番号	09	
排水機を持った中間の分割の後	分割の番号	10	
合流点の後	合流関係の並び	11	
ダムの後	ダムの番号	12	
取水の後	農業用水の番号	13	
	水道用水の番号	14	
	工業用水の番号	15	
	発電の番号	16	
	注水の番号	17	
放流の後	発電の番号	18	
	発電余水の番号	19	
	注水の番号	20	
	他水系流域の番号	21	
用水の補給の後	農業用水補給の番号	22	
	水道用水補給の番号	23	
	工業用水補給の番号	24	
	発電用水補給の番号	25	
	不特定用水補給の番号	26	
分派の後	分派の名前	27	
分派の後	分派後の最初の分割番号	28	空白部に"%"を記入
実測流量に置換の後	ダムの番号	29	

計算結果表示地点に実測流量有りの場合

| | 帳票M上のファイルの名前 | 30 | 空白部に"%"を記入 |

計算結果表示地点に名前を付ける場合

| | 任意の名前 | 31 | 空白部に"%"を記入 |
| データ終わり記号 | | 32 | XXXXXXX |

第Ⅰ部　分割法　第2章　帳票

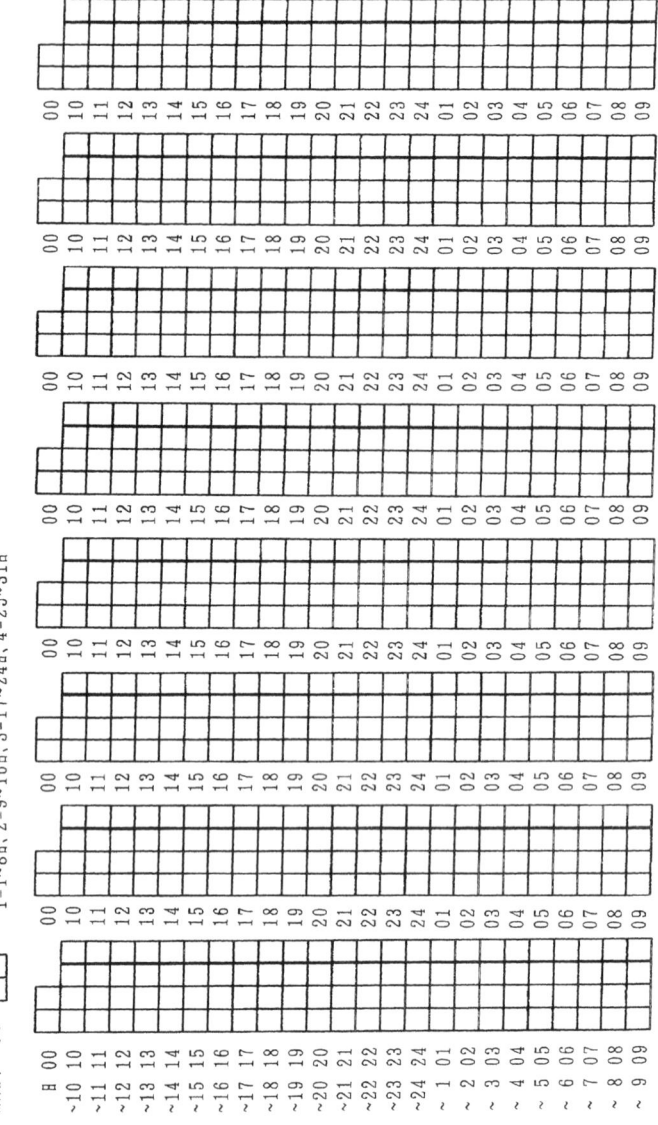

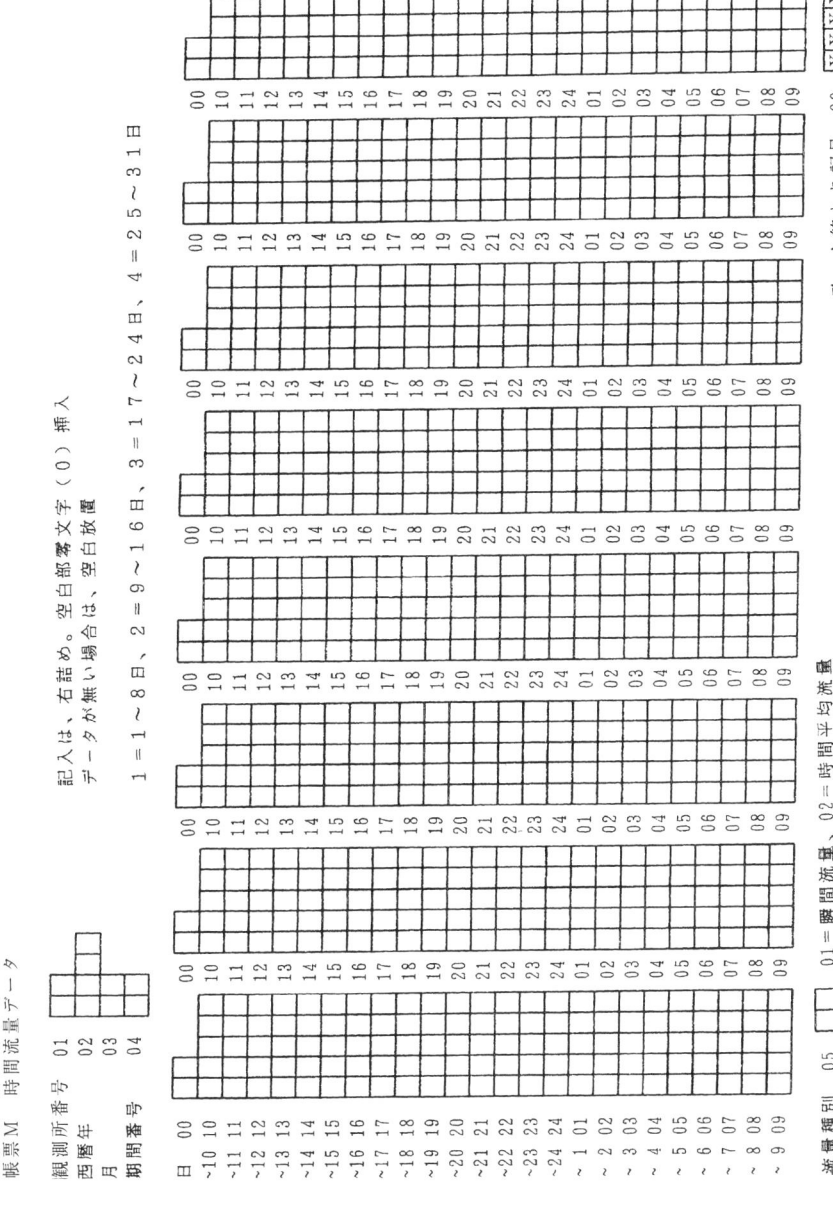

帳票M 時間流量データ

第Ⅰ部 分割法 第2章 帳票

帳票N　日気温データ

数字は、右詰め、空白部零文字挿入。

観測所番号　01
西暦年　　　02
月　　　　　03

日		日平均気温		日		日平均気温
1	04			16	19	
2	05			17	20	
3	06			18	21	
4	07			19	22	
5	08			20	23	
6	09			21	24	
7	10			22	25	
8	11			23	26	
9	12			24	27	
10	13			25	28	
11	14			26	29	
12	15			27	30	
13	16			28	31	
14	17			29	32	
15	18			30	33	
		↑小数点		31	34	
						↑小数点

データ終り記号　35　XXXXX

土地利用抽出票

分割番号	分割番号	分割番号
右岸側		
左岸側		

説明
1　太線（——）は、A4版用紙全体を表す。
2　細線（——）で区切られた区画に一分割を割り当てる。
3　破線（－－）は、左右岸の境界線を表す。
4　上流端の分割の場合、右岸側を用いる。
5　用紙は、中厚口トレーシングペーパー（60g/m^2）を用いる。

第3章　計算の手続きの全容

1　作業図面の準備（手順1～2）

手順1　地形図の準備

　以後、本章13（55頁）の"完全な計算例"参照。国土地理院の20万分の1の地勢図に流量計算地点を落とし、計算流域の範囲を調べ、関係する2万5千分の1の地形図の名前を得る。以後、地形図と言った場合は、この作業で得られた2万5千分の1の地形図を指す。なお、分割法は、世界測地系でなく、日本測地系を用いている。これは、次に述べる地形図の図郭の違いからきている。

　計算流域は、複数の地形図にまたがるのが普通である。近年、地形図同士のつなぎ合わせが単純な旧タイプの図郭から隣同士が重複している新タイプの図郭への切替えが進みつつあり、両者が混在する状況が出ているので注意を要する。

　計算流域が全て新タイプの図郭の2万5千分の1の地形図で覆われている場合は、世界測地系を用いてよい。ただし、その場合は、本法開発者が提供する分割法計算プログラムの世界測地系バージョンを用いる。

　旧タイプの図郭の地形図の場合、地形図の上側と右側の余白（上図郭線の上側、左図郭線の左側）を切り取る。

　新タイプの図郭の地形図の場合、図郭に付された旧タイプの図郭の位置を示す印を用いて、旧タイプの地形図に相当する図郭線を引き、後は地形図が旧タイプの図郭の場合と同様に行う。

　図-7（56頁）参照。地形図がそろったら、並べて、編集し、一連番号の地形図の番号を付ける。使用する地形図の番号と名前、図郭の左下の位置（東経／北緯の度、分、秒）、左側縦辺と下横辺の長さ（1mm単位）を地形図の帳票Aに登録する。この際、地形図の縦辺と下横辺の長さは、旧タイプの図郭の地形図の場合、地形図に記入されている。しかし、新タイプの図郭の地形図の場合はそれが無いから、計る必要がある。この際、以後高機能プラニメータ（面積ばかりでなく、長さ・図心等を計ることが出来る多機能のプラニメータ）を用いることとする。

手順2　地質図の準備

1) 地質図に2万5千分の1の地形図の図郭線を引く

　分割法で用いる基本の地質図は、現在日本地図センターが販売している旧国土庁が作成した全国都道府県別の土地分類図の中の地下の地表面付近の地質を表す表層地質図である。表層地質図の縮尺は、一般に20万分の1である。この地質図の経・緯度の線は、日本測地系に基づいて引かれている。世界測地系を用いる場合は、経・緯度線を修正す

る。
　図-8（a）（58頁）参照。表層地質図に2万5千分の1の地形図の図郭線を引き、各部に地形図の番号と同じ一連番号を与える。

2) 地質の再分類
　表-6参照。分割法においては、表層地質図で行われている地質分類をそのまま用いず、次のように再分類する。これを「新しい地質分類」と呼ぶ。

表-6 新しい地質分類

新しい地質分類	元の地質分類
貫入火成岩と変成岩	花崗岩、閃緑岩、斑れい岩、等
	片岩、片麻岩、粘板岩（スレート）、千枚岩、大理石、ホルンヘルス、珪岩、等
熔岩	流紋岩、安山岩、玄武岩、等
堆積岩　普通	礫岩、砂岩、泥板岩（頁岩）、石灰岩、等
火山性	凝灰岩、凝灰角礫岩、等
砕屑物　普通	礫
火山性	火山礫
砂・泥　普通	砂、シルト、粘土
火山性	火山灰

3) 新表層地質図の作成
　図-8（b）（58頁）参照。20万分の1の表層地質図に2万5千分の1の地形図の図郭線が引かれた範囲の元の地質を新しい地質に読み替えた新しい地質境界線を引く。その後、10万分の1の縮尺に拡大する。そして、対応する地形図毎に、10万分の1の新しい地質分類図を作る。用紙としてトレーシングペーパーを用いる。そして、次のような色分けを行うとよい。

貫入火成岩と変成岩　→　紫色
堆積岩　　　　　　　→　青色
熔岩　　　　　　　　→　桃色
砕屑物　　　　　　　→　黄色
砂・泥　　　　　　　→　無色

　このようにして調製した新表層地質図を以後単に地質図と呼ぶ。2本の対角線を引いたのは、地形図と重ねるためである。

2 流域の分割（手順3～6）

手順3　水系の区切り

　図-1と図-9（60頁）参照。分割法では、地形図に表されている"かわ"を川と呼ぶ。川のただ一地点の流量を計算しようとする場合は、その地点から上流にある川の連なり、そして川の複数の地点で流量を計算しようとする場合は、それ等の最下流の地点より上流にある川の連なりを水系と呼ぶ。降雨が水系に流出してくる範囲を流域と呼ぶ。川の連なりの最下流の地点を流域の出口と呼ぶ。

　川が地形図の上で始まる地点を川の始まり点と呼ぶ。川に連なる湖・沼・池、ダムや堰により出来た平らな水面を総称して湖と呼ぶ。

　水系を次の地点で自動的に区切る。これを基本区切り点と呼ぶ。

a　水系の最下流の地点
b　川の始まり点
c　川の合流点
d　川の分流点
e　川の分派点
f　川の湖への流入地点
g　湖の出口の地点

　基本区切り点で水系を区切った後、さらに次の追加区切り点で区切る。

イ　一つの区切り区間内で、地形図の上で線で表されている川が幅のある川に変化する地点
ロ　川に段差がついている地点
ハ　大規模な砂防ダム
ニ　用水の取水・放水地点
ホ　発電余水の放水地点
ヘ　他水系よりの流量の放水地点
ト　内水排水用の樋管・樋門や排水機が設置されている地点
チ　一つの区切り区間内で川の幅が著しく変化する場合の変化地点
リ　一つの区切り区間内で川底の状況が著しく変化する場合の変化地点
ヌ　流量を計算したい地点が区切り区間の中間の位置にある場合、その地点
ル　水位や流量の観測地点
ヲ　背後地の土地利用が典型的に変化、例えば山地から平地に変化する地点
ワ　一つの区切り区間の長さをディバイダーを用いて計り、長さが上流から見て1km

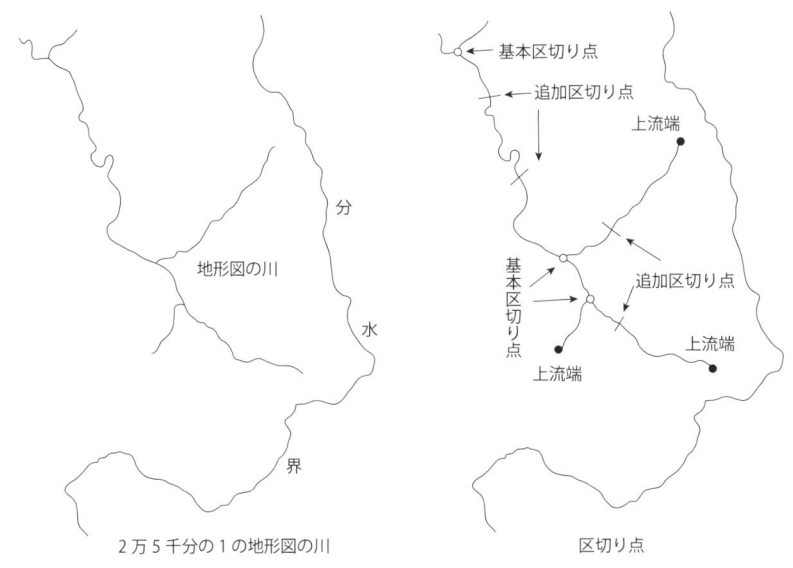

図-1　水系の区切り

を超えた場合、1km ごとの地点。ただし、最後が 0.3km 未満の場合は、1.3km 未満の区間を設ける。

水系を基本区切り点と追加区切り点の両方を用いて区切って出来た区切り区間を区間の川と呼ぶ。

手順4　流域の分割
1）流域の分割線

流域の分割は、川の分水嶺とここで定義する分割線を用いて行う。

図-2参照。雨水は、地下に浸透せず、地表面上の最急勾配面を流れて、最寄りの川に流れ込むものと仮定する。今、図-2（b）における追加区切り点（No.0点）に向けて例えば右岸側から雨水が流れてくる道筋（線）は、No.0点の標高より高くて、かつ一番近い高さの等高線上の任意の点（No.1点）を考えて、0〜1の距離が一番短くなる点（No.1点）からの線になる。この No.1点の標高より高くて、かつ一番近い高さの等高線上の任意の点（No.2点）を考えると、雨水が流れてくる道筋（線）は1〜2の距離が一番短くなる点（No.2点）からの線になる。このようにして、より高い等高線に向かって上っていくと、いずれ分水嶺に到達する。この点を No.N 点とすると、右岸側の 0〜1〜2〜3〜……〜N-1〜N の線が引ける。左岸側についても同様の線が引ける。

図-2（a）の川の上流端については、上流端からさらに上流に伸びている仮想の川

(a) 上流端での分割

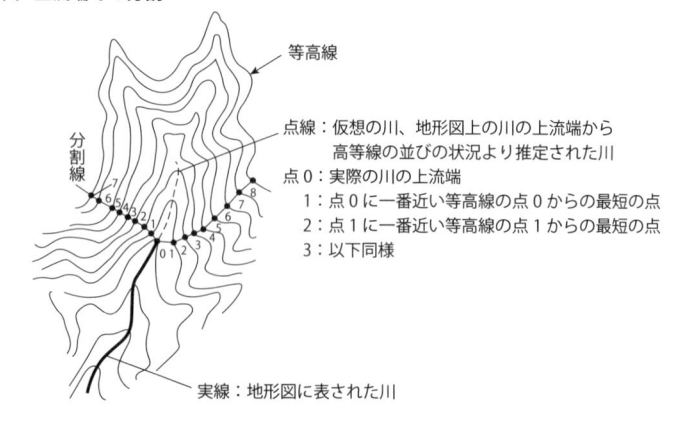

(b) 追加区切り点における分割

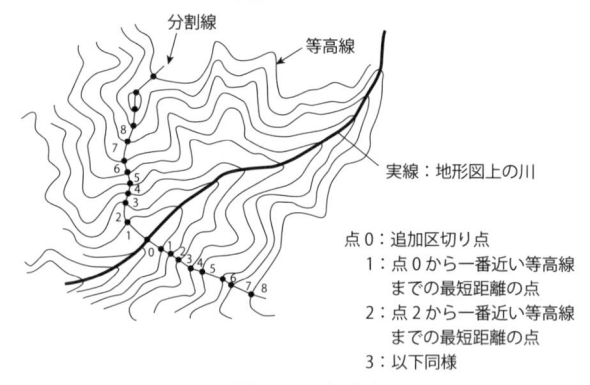

図-2 分割の仕方

（実際には地形図に表されていない川がある）を考え、前記のやり方を適用すれば、右岸側の分水嶺から始まって、上流端を通過して、左岸側の分水嶺に至る線が同様に引ける。

このようにして引かれた、追加区切り点や上流端から始まり分水嶺に至る線を右岸側の分割線・左岸側の分割線と呼ぶ。

2) 流域の分割

図-3と図-10（61頁）参照。今、川の上流端に雨水が集まってくる範囲は、上流端から始まる右岸側の分割線が右岸側の分水嶺につながり上流に向け伸びていって、同様に上流端から始まる左岸側の分割線が左岸側の分水嶺につながり上流に向け伸びていっ

　　　　　　　　上流端の分割　　　　　　　　　　中間の分割

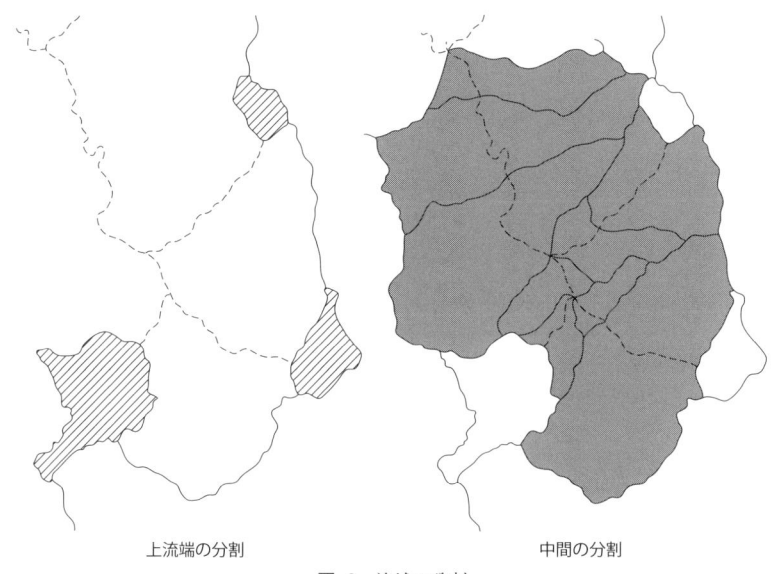

　　　　　　　　　　　図-3　流域の分割

て、両者がつながって出来る閉じた線で囲まれた区域になる。これを上流端の分割と呼ぶ。

　基本区切り点と上流端の間の区間に雨水が集まってくる範囲は、上流端から始まる右岸側の分割線が右岸側の分水嶺につながり下流に向け伸びていって、同様に上流端から始まる左岸側の分割線が左岸側の分水嶺につながり下流に向け伸びていって、両者がつながって出来る閉じた線で囲まれた区域になる。これを中間の分割と呼ぶ。

　また、追加区切り点が連なる場合、二つの追加区切り点の区間に雨水が集まる範囲は、上流の追加区切り点から始まる右岸側の分割線と左岸側の分割線がそれぞれ左右両岸の分水嶺につながり、下流に向けて伸びていって、下流の追加区切り点から始まる左右両岸側の分割線につながって出来る閉じた線で囲まれた区域になる。これも中間の分割と呼ぶ。

　さらに、合流点と追加区切り点の区間に雨水が集まる範囲は、追加区切り点から始まる右岸側の分割線と左岸側の分割線がそれぞれ左右両岸の分水嶺につながり、下流に向けて伸びていってつながって出来る閉じた線で囲まれた区域になる。これも中間の分割と呼ぶ。

　湖の岸の線全体は、普通、湖に流入する川と流出する川によって2つ以上の湖の岸の区間に区切られる。湖の岸の区間の長さが1km以上の場合、各1kmの区間に区切り、最後の区間の長さが1.3kmより短い場合は、1.3km未満の区間とする。湖の岸の区間

の場合、湖岸線を川と見立てれば、上記の各場合と同様に、区間に雨水が集まる範囲を決められる。これを湖の岸の分割と呼ぶ。

分割線と分水嶺は、当初軟質黒鉛筆で引き、分割が確定した後、黒鉛筆の線を消しながら油性赤色ボールペンを用いて引き直す。

3）流域の分割の種類

計算流域は、各種の分割の集合体になる。そして、状況に応じて、次の14種類に分けられる。

［上流端の分割系］
　　　最上流端の分割（0）
　　　上流端の分割（1）
　　　湖の岸の分割（2）
　　　内水になる上流端の分割（3）
　　　排水機を持つ上流端の分割（4）
［中間の分割系］
　　　中間の分割（5）
　　　湖に流入する分割（6）
　　　内水になる中間の分割（7）
　　　排水機を持つ中間の分割（8）
　　　分流・分派の直前の分割（9）
　　　分流の最初の分割（10）
［湖の分割系］
　　　湖の分割（11）
［ダミーの分割系］
　　　面積が零の上流端の分割（12）
　　　面積が零の中間の分割（13）

ここで、括弧内の数字は、帳票上での呼び名（コード番号）。以下、同様。

内水になる上流端の分割は、地形図上で川のない樋門・樋管の集水範囲を言う。

排水機を持つ上流端の分割は、前記の分割で、樋門・樋管の閉鎖時に強制的に排水する為の排水機（排水ポンプ）が併設されている場合を言う。

内水になる中間の分割は、中間の分割でかつ出口に水門が設けられている分割を言う。

排水機を持つ中間の分割は、前記の分割でかつ水門閉鎖時に強制的に排水する為の排水機を備えている分割を言う。

用水と排水を兼用している川が分流している場合、その前に面積が零の上流端の分割

と言うダミーの分割を置き、分流とは見なさない。

　面積が零の中間の分割は、分割に一連番号を付与する作業の際の番号調整用である。

手順5　分割への一連番号の付与

　図-4と図-10（61頁）参照。最下流の区間から上流に向かってたどっていくと、枝分かれしていき、最後は上流端の分割で終わる、一連の区間が沢山出来る。これを系統と呼ぶ。最下流の区間から始めて、系統の区間の数を数えて、その数が一番多い系統を水系の本流と呼ぶ。ただし、区間の数が同じ系統が複数ある場合、区間の全長が長い方の系統を本流とする。長さが同じ場合は、上流端の分割の面積が多い方を本流とする。

　本流の最上流端の分割に1番という番号の分割の名前を与え、順次各分割に、分割の合流状況に合わせて、一連番号を振る。この一連番号に欠番があってはならない。最下流に位置する分割の番号を流域分割数と呼ぶ。流域分割数は、1 km^{2}単位の流域面積数の5割増位の値になる。

　一連番号の分割への記入は、当初は軟質の上質黒色鉛筆を用いて適当な場所に行う。そして、誤りのない一連番号の付与の確認後、原則として、山林地の部分に油性赤色ボールペンを用いて書き替える。中間の分割の場合、必ず右岸側か左岸側のどちらかに統一して記入する。記入すべき山林地の部分が狭い場合、または全体面積が狭く一連番号を記入出来ない場合、そこから引き出し線を用い、近隣の分割の出来るだけ山林地の部分に記入し、かつ長円形の線で囲む。

　以上のように加工された地形図集を流域分割図と呼ぶ。

手順6　水系構成図の作成

　図-5と図-11（62頁）参照。水系の本流を樹木の幹になぞらえて中心に置き、普通の分割の場合は一本線、湖の分割の場合は二重線、ダミーの分割の場合は破線で描かれた横長四角形と基本的に直線の矢印を持たない連結線を用いて、流域の分割による構成状況を図に描く。この図を水系構成図と呼ぶ。ここで、内水になる分割の場合は逆方向に向かう矢印、排水機を持つ分割の場合は順方向の矢印の連結線を用いる。川の分派地点、用水の取水・放水地点、発電余水の放水地点、他水系よりの流量の放水地点は、図上で前後に連なる二つの分割を表す長四角の中間点や長四角が合流した後に位置することになるので、その点に向かう、またはその点から出ていく矢印で表す。

3　基礎データの登録（手順7〜11）

手順7　分割の帳票の準備

　以上の作業が終わったならば、流域を構成する分割の帳票B（9頁）の用紙を分割の数分用意する。次に、水系構成図に基づき、一連番号順にその分割の番号、分割の種類を記入して、分割の帳票集を作る。この作業を分割の帳票の準備と呼ぶ。以後、このB帳票集の各々の帳票をただ単に帳票と呼ぶ。また、帳票にデータを書き込むことを特に

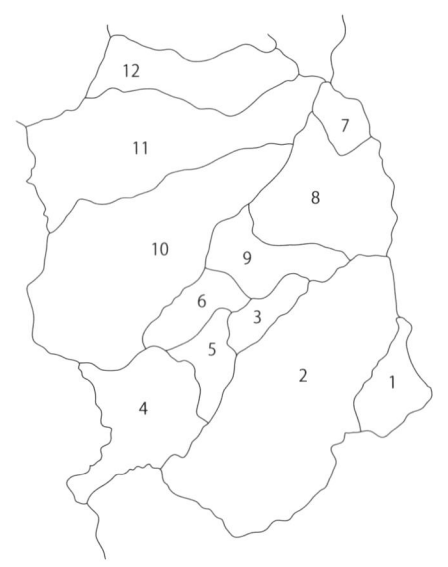

図-4 流域分割図

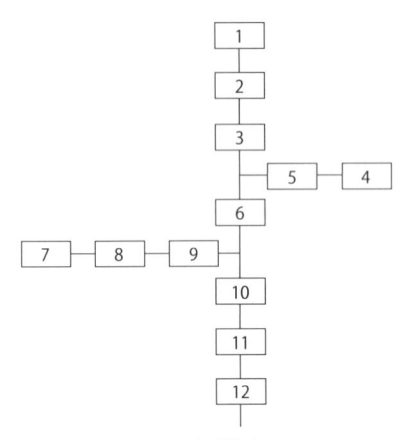

図-5 水系構成図

データの登録と呼ぶ。
手順8　水系の名前と流域の分割数の登録
　英大文字の8字以内のローマ字の名前を水系の名前とし、流域の分割数と共に1番の帳票に登録する。以下、分割法に現れる全ての名前は、左詰めで、ローマ字の大文字と

数字、ならびに"－"記号（OCR 入力の場合、代わりに"＝"）だけで表記する。空白の文字枠が生じた場合は、記号の"％"で埋める。

　水系から川が分かれて元に戻らない、すなわち分派する場合は、分派河川の名前を分派直前の分割の帳票の水系名前の欄に登録する。

手順 9　湖に流入する分割と湖の岸の分割が流入する湖の分割の番号の登録

　分割が湖の岸の分割や湖に流入する分割の場合、流入する湖の分割の番号を帳票に登録する。

　上流にある湖と下流にある湖の間には区間の川が普通はある。しかし、稀なケースとして、上流の湖がダムを挟んで下流の湖に直接つながっていることがある。この場合は、帳票の［流入する湖分割番号］欄に下流の湖の分割番号を登録し、上流の湖が下流の湖に流入していることを示す。

手順 10　ダムの名前と番号の登録

1）ダムの名前

　分割が湖の分割の場合、湖がダムで出来ていなくともダムで出来ていると仮定して、名前がなければダムとしての名前をつける。そして、ダムの名前と番号を帳票に登録する。

2）計算値の実測値への置き換え

　ダムから下流への放流量の計算値を実測値に置き換えなければならない場合は、その旨（01）を帳票に登録する。と共に、置き換えデータは流量観測所のデータと見なして流量観測所の番号を登録する。置き換えをしない場合は、（00）を登録する。

手順 11　分割の合流関係の登録

　例えば、N1・N2（N1＜N2）の番号を持つ２つの分割が合流しているとする。次の［N1・N2］の番号の列を合流関係と呼ぶ。分割の番号が N1 に当たる帳票にこの合流関係を登録する。合流する分割が３つ、すなわち N1・N2・N3（N1＜N2＜N3）であるならば、N1 の帳票に登録すべき合流関係は、［N1・N2・N3］である。分割法では、最大５つの分割（N1・N2・N3・N4・N5）が合流することを想定している。

4　地形の測定（手順 12〜15）

手順 12　分割の図心・面積と区間の川の長さの測定

1）多機能プラニメータによる測定

　多機能プラニメータを用いて、地形図上で行う。測定値は、帳票に登録する。

2）図心の測定

　地形図の下側を X 軸、左側を Y 軸、X 軸と Y 軸が交わる点を原点として、地形図の中の分割の図心の数学 XY 座標を１mm 単位で測定する。

　一つの分割が二つ以上の地形図にまたがっている場合は、図心が乗る方の地形図を基

準にして、図心の座標を測定する。
3) 面積の測定
　上流端の分割・湖の岸の分割・湖の分割に関しては、全体面積をそのまま km^2 単位で下 4 桁まで測定する。中間の分割については、右岸側・左岸側・川の部分の面積を同様に各測定する。川の部分が線で表されている場合は、面積は零と登録する。
4) 区間の川の長さの測定
　(1) 中間の分割
　川が線で表されている場合はそのまま、川が幅のある場合はその中心線で、区間の川の長さを m 単位で測定する。
　(2) 湖の岸の分割
　湖の岸の分割の場合、湖岸線の長さを区間の川の長さの代わりに m 単位で測定する。
手順 13　湖水面の標高の測定
　分割が湖の分割の場合、水面に一番近い等高線の高さ差し引く 5 m の値を湖面標高とする。湖面標高は湖の分割の出口の標高になる。
手順 14　分割の出口の標高と落差の測定
1) 標高の測定
　分割の出口の標高の測定は、基本的に次の方法で行う。すなわち、出口をはさんで等高線が川を横切る 2 点を求め、2 点間距離と横切り点と出口間の距離から案分比例で 1 m の単位まで標高を測定する。
　土地の傾斜が緩くなればなるほど任意の地点の標高の測定が難しくなるが、2012 年に国土地理院が"標高がわかる Web 地図"を試験公開した。これを用いれば、マウスを右クリックするだけで知りたい場所の標高が得られる（http://saigai.gsi.go.jp/2012demwork/checkheight/index.html）。
2) 合流点の場合
　分割の出口が合流点に当たる場合、分割番号が一番若い分割、すなわち手順 11 の N1 の分割の出口の標高で合流する残りの各分割の出口の標高を代表するものとする。したがって、残りの N2〜N5 の各分割の出口の標高の測定の必要は無い。ただし、数値の登録は行う。
3) 湖に流入する分割と湖の岸の分割の場合
　湖に流入する分割の出口の標高と湖の岸の分割の岸の線の標高は、湖面標高とする。したがって、測定を行う必要は無い。ただし、数値の登録は行う。
4) 出口に落差がある場合
　プログラムでは、中間の分割の出口の標高は、直下流の分割の入り口の標高に自動的になる。しかし、出口が貯水ダム・砂防ダム・取水堰・床固等に当たる場合、出口に段差が付いているので、これを行うことは著しく不合理である。そこで、そのような場合については、分割の出口の直上流と直下流の標高の両方を測定する。そして、両標高差

を落差として、数値の登録を行う。落差がない場合は、落差0（零）と登録する。
5) 以上の標高の記録
　以上の標高の測定値は、先ず水系構成図に記入し、その後で帳票に登録する。

手順15　分割の山の部分の最高標高の測定
　上流端の分割、湖の岸の分割、中間の分割の場合は左・右岸側の山の部分について、最高標高を1m単位で測定し、帳票に登録する。
　最高標高データが登録されていない分割に関しては、プログラムは、全体が平地と自動的に判定する。

5　土地利用状況の判定（手順16〜19）

手順16　分割の土地利用状況の判定
1) 土地の判定
　地形図上で分割の土地利用状況の塗り分けを行う。同時に、平地の大地形と川の区間に関する判定を行う。
2) 平地と山の区別
　平地は、相当広い範囲で平らか傾斜が緩い場所と定義する。ここで問題になるのは、平地の傾斜角の臨界角度である。本法においては、一応、土地分類図の地形分類図の傾斜区分S1（傾斜角の範囲0〜3度、等高線間隔約7mm以上）の土地を平地と見なしている。
3) 土地利用状況の塗り分け
　カラー口絵参照。分割が平地と山の両地形から構成されている場合は両地形の境界線をはっきりと引いた上で、以下の土地利用の種類別に、例えば次の色の硬質色鉛筆を用いて、地形図を塗り分ける。

イ	山の水田地帯	⇨	緑色
ロ	山の畑作地帯	⇨	橙色
ハ	山の市街地帯	⇨	桃色
ニ	山の岩石地	⇨	茶色
ホ	山の荒廃林	⇨	紫色
ヘ	平地の水田地帯	⇨	緑色
ト	平地の畑作地帯	⇨	橙色
チ	平地の林の地帯	⇨	黄緑色
リ	平地の市街地帯	⇨	桃色
ヌ	平地の野原	⇨	紫色
ル	平地の崖	⇨	茶色

ヲ　川の河原　　　⇨　水色

　ここで"地帯"という言葉を用いている。例えば、水田地と水田地に囲まれた、または隣接する小さな畑作地、平地林、市街地、一般道路、鉄道線路等を水田地帯と言う。以下、地帯という言葉を用いた場合、同様の定義とする。山の畑作地帯は、畑作地ばかりでなく、花木畑・桑畑・楮三椏畑(こうぞみつまた)・牧草地・放牧地・ゴルフ場のコース・スキー場のゲレンデ等を含む。

4) 平地の大地形の判定
　平地を有する分割の場合、平地地形が三角洲と三角洲以外のどちらに属するか判定する。前者の場合、帳票に"01"と登録する。後者の場合、なにも登録しない。すなわち、この場合、プログラムは、三角洲以外の平地と自動的に判定する。
　平地地形が三角洲と三角洲以外の両方で構成されている場合、占める割合の多い方で代表させる。中間の分割の場合は、左右岸別に行う。

手順17　区間の川の判定
　区間の川を線の川と幅のある川に大分類した上で、幅のある川を次のように細分類する。判定結果は、帳票に登録する。

a　線の川（00）
b　水理計算を行うには無理があると思われる自然河川（01）
c　水理計算が可能な自然河川（02）
d　等流計算が行われている改修河川（03）
e　不等流計算が行われている改修河川（04）

　なお、種類 e の川を河道貯留関係河川と以後呼ぶことにする。

手順18　分割の山の地質の判定
　地質図を流域分割図に重ね合わせて、分割の山の地質を次の分類で判定し、帳票に登録する。

a　貫入火成岩と変成岩（01）
b　熔岩（02）
c　堆積岩（03）
d　砕屑物（04）

　対象部分に2種類以上の地質がある場合、単純に、目分量で面積率の一番大きいものに代表させる。面積率が同じ場合、種別が"01"と"02"の場合 "01"というように、上の表において一段上の種別にする。中間の分割の場合は、左右岸別に判定する。

この判定は、次に述べる原始的な方法で行うのがよい。

①地形図の図郭の中央部に四隅から対角線を引く。
②トレーシングペーパーに描かれた地質図の図郭の四隅から対角線を引く。
③下に地形図を置き、その上に地質図を持ってきて、両対角線が一致するように重ね合わせる。
④対角線の交点をP、地質図の地質境界線上の任意の1点をpとする。
⑤Pからpに向け直線を引き、さらに延長する。
⑥距離Ppを4倍した距離、すなわち4×Ppを延長線上に落とすと、地質図の地質境界点を地形図に移すことが出来る。
⑦適宜、地質図の地質境界点を地形図に移していき、各点間をスケッチで結んでいけば、地質図の地質境界線を地形図に描くことが出来る。
⑧この際、製図用のディバイダーを用いると能率的に作業が行える。

手順19　分割が属する作柄表示地帯の判定
　流域の水稲栽培が農林水産省の統計情報部が定めた都道府県別の作柄表示地帯のどれに属しているか、表-7を用いて判定する。
　最上流の分割でその水系がどの作柄表示地帯に属しているか判定し、帳票に登録する。水系全体が同一の地帯に属している場合、以後の分割について登録する必要はない。途中で変わっている場合、変わった最初の分割で再登録する。

6　土地利用の測定（手順20～22）

手順20　分割の土地利用の抽出
1）土地利用の抽出
　　土地利用抽出票（21頁）と図-13（65頁）参照。地形図上で色分けされた分割の土地利用の面積と山林内を通過する一般道路と鉄道の長さを地形図上で直接測定するのは難しいので、A4版の高級中厚口のトレーシングペーパーに、地形図の塗り分けを行った色と同じ色の硬質色鉛筆を用いて、抽出する。これを土地利用抽出票（以後単に抽出票）と呼ぶ。
2）土地利用の抽出項目
　（1）平地
　　平地の場合、次の土地を抽出する。

　a　水田地帯
　b　畑作地帯

表-7　都道府県別の作柄表示地帯

都道府県	地帯	コード	都道府県	地帯	コード	都道府県	地帯	コード	都道府県	地帯	コード
北海道	石狩	0101	栃木	北部	0901	愛知	尾張	2301	愛媛	中予	3802
	空知	0102		中部	0902		西三河	2302		南予	3803
	上川	0103		南部	0903		東三河	2303	高知	安芸	3901
	留萌	0104	群馬	中毛	1001	三重	中北勢	2401		中央	3902
	渡島	0105		北毛	1002		南勢	2402		幡多	3903
	檜山	0106		東毛	1003		伊賀	2403	福岡	福岡	4001
	後志	0107	埼玉	平坦南部	1101	滋賀	湖南	2501		北九州豊	4002
	胆振	0108		平坦北部	1102		湖北	2502		筑豊	4003
	日高	0109		山間	1103	京都	南部	2601		北筑後	4004
	十勝	0110	千葉	京葉	1201		北部	2602		南筑後	4005
	網走	0111		東下総	1202	大阪	大阪	2701	佐賀	佐賀	4101
青森	青森	0201		九十九里	1203	兵庫	県南	2801		松浦	4102
	津軽	0202		外房	1204		県北	2802	長崎	西彼	4201
	南部	0203	東京	東京	1301		淡路	2803		東南部	4202
	下北	0204	神奈川	神奈川	1401	奈良	奈良	2901		県北	4203
岩手	北上川上流	0301	新潟	下越	1501		吉野	2902		五島	4204
	北上川下流	0302		中越	1502	和歌山	紀北	3001		壱岐	4205
	東南部	0303		魚沼	1503		紀中	3002		対馬	4206
	下閉伊	0304		上越	1504		紀南	3003	熊本	県北	4301
	北部	0305		佐渡	1505	鳥取	東部	3101		阿蘇	4302
宮城	南部	0401	富山	呉東	1601		西部	3102		県南	4303
	中部	0402		呉西	1602	島根	出雲	3201		天草	4304
	北部	0403	石川	加賀	1701		石見	3202	大分	北部	4401
	東部	0404		能登	1702		隠岐	3203		湾岸	4402
秋田	県北	0501	福井	嶺北	1801	岡山	南部	3301		大野直入	4403
	中央	0502		嶺南	1802		中北部	3302		南部	4404
	県南	0503	山梨	国中	1901	広島	安芸	3401		日田	4405
山形	村上	0601		郡内	1902		備後南	3402	宮崎	広域沿海	4501
	最上	0602	長野	東信	2001		備後北	3403		広域霧島	4502
	置賜	0603		南信	2002	山口	東部	3501		西北山間	4503
	庄内	0604		中信	2003		西部	3502	鹿児島	薩摩半島	4601
福島	中通り北部	0701		北信	2004		長北	3503		出水薩摩	4602
	中通り南部	0702	岐阜	西南濃	2101	徳島	北部	3601		伊佐姶良	4603
	浜通	0703		中濃	2102		南部	3602		大隅半島	4604
	会津	0704		東濃	2103	香川	東讃	3701		熊毛	4605
茨城	北部	0801		飛騨	2104		中讃	3702		大島	4606
	鹿行	0802	静岡	東部	2201		西讃	3703	沖縄	北部	4701
	南部	0803		中部	2202		島しょ	3704		中南部	4702
	西部	0904		西部	2203	愛媛	東予	3801		八重山	4703

註：『農作物作型別生育ステージ総覧　平成4年9月』
　　農林省水産統計情報部編集、農林統計協会発行より作成。

c　平地林地帯
d　市街地帯　　　　後述（3）の市街地の細分類に掲げた土地を市街地帯とする。
e　高速道路　　　　盛土面・切取面・サービスエリア・付帯道路等の一切の関連施設を含む。
f　静水面　　　　　川に連ならない湖・池・沼、ダム・堰の貯水池を言う。
g　崖　　　　　　　三角洲以外の平地では、ある平地とある平地の境目が崖地になっていることが多い。

(2) 山
山の場合、次の土地を抽出する。

a　水田地帯
b　畑作地帯
c　市街地帯　　　　平地の市街地の細分類の仕方と同様。
d　一般道路と鉄道　山林内を通過する一般道路と鉄道（線の長さ）。
e　高速道路　　　　平地と同様。
f　露岩地　　　　　岩や崖記号の土地。
g　静水面

　山地林帯を抽出しない理由は、全体の面積から普通の山地林帯以外の土地利用の種類の合計面積を差し引いて山地林帯面積とする手法を取るためである。なお、普通の山林地は、荒廃した山林地以外の山林地を言う。

(3) 市街地の細分類
　抽出した土地の利用が市街地帯の場合、さらに次のように細分類する。掲げられた種目に一致しない土地がある場合、一番性質が似通っていると思われる土地に読み替える。

a　中高層建物街（01）
b　密集建物街（02）
c　散在建物街（03）
d　樹木に囲まれた居住街（04）
e　点在建物街・空き地（05）
f　学校（06）
g　病院（07）
h　工場・温室・畜舎（08）
i　公園（09）

j　運動場（10）
k　寺院・神社・墓地（11）
l　特に広い幅の一般道路や鉄道（12）

　　分類された土地の目分量の1％単位の割合を抽出票上の該当部分に記入する。この際、合計量が100％丁度にならなければならない。
　　中間の分割の場合は左右岸別に行う。
　　この市街地の細分類の作業は、必ず抽出作業時に行う。

3) 山林通過の一般道路・鉄道の抽出
　　山林地を通過する一般道路の中心線を以下のように細分しながら抽出する。

a　幅13m以上の道路
b　幅5.5～13mの道路
c　幅3.0～5.5mの道路
d　幅1.5～3.0mの道路
e　幅1.5m以下の道路

　　一般鉄道は、単線の場合幅3.0～5.5mの道路、複線の場合幅5.5～13m、新幹線鉄道の場合13m以上の道路と同等幅の道路と見做し、一般道路の長さの欄に記入する。道路や鉄道が崖に面している場合は、崖の一部と見做し、抽出しない。

手順21　抽出された面積の測定
　　抽出票に抽出された面の面積の測定は、多機能プラニメータを用いて、km^2単位で、小数点以下4桁まで測定する。結果は、抽出票の該当部分に記入すると共に帳票に登録する。

手順22　抽出された線の長さの測定
　　抽出票に抽出された線の長さの測定は、抽出票上で、多機能プラニメータを用いて、1m単位で測定する。結果は、抽出票の該当部分に記入すると共に帳票に登録する。

7　調査（手順23～35）

手順23　三角洲上の水田の地下排水に関する調査
　　三角洲上の水田の場合、中間の分割の場合は左右岸別に、地下に排水装置が設けられているかどうか調査し、排水装置が有る場合は、"01"と帳票に登録する。この調査を行わなかった場合、プログラムは、"排水装置が無い"と自動的に判定する。
　　なお、排水装置の有る無しが混在する場合、占める割合が多い方で判定結果とする。

手順 24　区間の川に関する調査
1) 調査について
　区間の川の種類が手順17で判定されている。水理計算が可能と思われる自然河川と改修河川に関して以下の調査を行う。調査結果は、帳票に登録する。
2) 水理計算が可能と思われる自然河川
　(1) 調査不要の場合について
　　以下の (2) から (5) までの調査を行う。これ等を行わない場合は、プログラム上で、川幅は川の面積と長さから算定、川岸の法勾配は1割、河床勾配は分割の出口と入り口からの標高差で計算、河床状態は河床勾配から推定して、氾濫開始流量を設定した上で、深さを水理計算により求める。この場合、データの登録は、不要。
　　調査を行う場合は、該当4項目全部についてデータの登録が必要。どれか1項目でも欠けている場合は、データの登録を行わない。
　(2) 河床状態
　　河床状態を次のように分類し、どれに該当するか調査する。

a　シルト（01）
b　砂（02）
c　砂利（03）
d　転石（04）
e　岩盤（05）

　(3) 深さ
　　川底から岸の縁までの深さを調査する。
　(4) 大水時の川幅
　　大水時の川幅を調査する。なお、川幅は、底幅とする。また、大水時の川岸の法勾配は、1割と仮定する。
　(5) 大水時の水面勾配
　　大水時の水面勾配を調査する。
3) 等流計算で河道断面が決められている改修河川
　(1) 断面の種類
　　区間の川の断面種類を次のように分類する。

a　小河川／掘込河道／護岸あり（01）
b　小河川／掘込河道／護岸なし（02）
c　小河川／堤防あり／護岸あり（03）
d　小河川／堤防あり／護岸あり／床固あり（04）

e 小河川／堤防あり／護岸あり／底張あり（05）
f 小河川／堤防あり／護岸なし（06）
g 大河川／単断面（07）
h 大河川／複断面（08）

(2) 断面の諸元
河川改修計画概要図等を読み取り、区間の平均値として、次の項目のデータを得る。

a 水面勾配
b 単断面の場合は川幅、複断面の場合は全体の川幅と低水路幅
c 単断面の場合は岸法勾配、複断面の場合は低水部岸法勾配と高水部岸法勾配
d 単断面の場合は天端よりの深さ、複断面の場合は同低水部の深さと高水部の深さ

なお、幅（川幅）は、表法肩間の水平距離とする。水面勾配のデータが得られない場合は、分割の出口と入り口からの標高差から計算した河床勾配をもって代える。

4) 流量と河道の貯溜関係の計算が行われている貯溜関係河川
各流量毎の不等流の水位計算結果があるかどうか調査する。各流量段階毎に河道の水位から区間の河道貯溜量を計算する。これから次の項目のデータを得る。

a 最大流量の分割数
b 分割流量と分割河道貯溜量
c 右岸溢流開始流量
d 左岸溢流開始流量

手順 25 内水になる分割に関する調査
次の項目のデータを得、帳票に登録する。

a 逆流防止のため水門を閉じるタイミングを与える、すなわちコントロールする分割
b 水門閉鎖のタイミングが出される時のコントロールする分割の出口の比流量、すなわち臨界比流量
c 水門の設計最大排水量

手順 26 排水機を持つ分割に関する調査
手順 25 の内水になる分割に関して行う a〜c の調査に加えて、次の項目を調査し、帳票に登録する。

d　排水機の設計最大排水量

手順 27　分流に関する調査
次の項目のデータを得て、分流直前の分割の帳票に登録する。

a　流れの状態を低水と高水に分け、低水と高水の境界の流量の比流量、すなわち臨界比流量
b　低水時の本流の流量の分流への分流率、すなわち低水時分流率
c　高水時の本流の流量の分流への分流率、すなわち高水時分流率

なお、上記の共通的分流状態から外れる場合は、プログラムを部分変更する。

手順 28　分派に関する調査
次の項目のデータを得て、分派直前の分割の帳票に登録する。

a　流れの状態を低水と高水に分け、低水と高水の境界の流量の比流量、すなわち臨界比流量
b　低水時の本流の流量の分派河川への分派率、すなわち低水時分派率
c　高水時の本流の流量の分派河川への分派率、すなわち高水時分派率

なお、上記の共通的分流状態から外れる場合は、プログラムを部分変更する。

手順 29　治水ダムに関する調査
1）治水方式
治水方式を次のように分類する。

a　自然調節方式（01）
b　一定量放流方式（02）
c　一定開度方式（03）
d　一定率調節方式（04）
e　流入量全量貯留方式（05）
f　流入即放流方式（06）

当該ダムの治水方式を帳票Bの治水欄に登録した上で、以下の調査を行い、帳票Cに登録する。治水ダムのダム番号は、帳票B上のダム番号になる。

2）自然調節方式の場合
次の項目について調査する（以下同様）。

イ　貯留量関係
ロ　最大貯水量
ハ　最大放流量

3）一定量放流方式の場合

イ　一定量放流量
ロ　最大貯水量
ハ　出水期間

4）一定開度方式の場合

イ　貯留量関係
ロ　開始流量
ハ　最大放流量
ニ　出水期間

5）一定率調節方式の場合

イ　一定量流量
ロ　一定率
ハ　最大貯水量
ニ　出水期間

6）流入量全量貯留方式の場合

イ　開始流量
ロ　最大貯水量

7）流入即放流方式の場合
　帳票登録する必要無し。
手順30　利水ダムに関する調査
1）利水目的
　利水目的を次のように分類する。

a　農業用水（1）

b　水道用水（2）
c　工業用水（3）
d　発電用水（4）
e　不特定用水（5）

2）**利水ダムの形態**
　利水ダムの形態は次のように分けられる。

イ　単目的の利水ダム
ロ　利水目的だけの多目的ダム
ハ　治水目的と単独利水目的の多目的ダム
ニ　治水目的と複数利水目的の多目的ダム

　分割法では、治水目的を含む多目的ダムの貯水池においては、利水目的の貯水容量の上に治水目的の貯水容量が独立して乗っており、両者は一定貯水位で隔てられている互いに不可侵な存在、としている。
　複数利水目的の多目的ダムの場合、全体の利水容量は、貯水の利用に関して優先順位を持った各利水目的の貯水容量が一体になって溜まっているもの、とする。したがって、利水ダムは、次の 3）と 4）の項目のダムに分けて扱える。
　利水ダムのダム番号は、帳票 B 上のダム番号になる。

3）**単独利水目的の場合**
　次の項目について調査する。

a　高水流量
b　年間分割数
c　分割期間
d　期間最大貯水量
e　責任放流量

4）**複数利水目的の場合**
　次の項目について調査する。

a　利水目的数
b　貯水順位順の目的
c　各順位のデータ
　ア　年間分割数

イ　分割期間
　ウ　期間最大貯水量
　エ　責任放流量
 d　高水流量

5) 帳票への登録
(1) 登録の仕方
　利水目的が単目的の場合はその目的を、複数利水目的の場合は貯水に関する優先順位の順に各目的を帳票Bの利水欄に登録した上で、利水ダム諸元を帳票Dにより調査し、登録する。すなわち、例えば、単目的の場合、それが水道用水（2）だとすると、[20000]と帳票B上に登録する。多目的の場合、優先順位の1位が農業（1）、2位が水道（2）、3位が発電（4）とすると、[12400]と登録する。
(2) 貯水が最大貯水量に達した後の流入量の処理の仕方
　単目的・多目的を問わず、貯水が最大貯水量に達した後の流入量の処理の仕方を帳票Bの治水欄で登録する。この際、流入量をそのまま放流出来る機能を利水ダムが持っている場合は、治水欄に流入即放流方式（06）を登録する。流入量が自然調節される場合は、自然調節方式（01）を登録する。

手順31　用水の取水に関する調査
1) 調査が不要な場合について
　用水取水放水諸元を帳票Eにより調査し、登録する。
　なお、手順31から34までの調査は、該当する調査項目が無ければ、また有っても無視するのであれば、行う必要は無く、当然ファイルEEE・FFF・GGG・HHHを作成する必要は無い。
2) 用水の種類
　用水の種類を次のように分類する。

 a　農業用水
 b　水道用水
 c　工業用水
 d　発電用水
 e　注水用水

　注水用水という用語は、一般にあまり馴染みのないものである。これは、取水した用水を同じ水系のどこかにそのまま放水するもので、基本的に発電用水と同じ。農業用水でよく使用される言葉。

3）用水の取水条件

　期間毎の取水開始流量・最大取水量と取水停止流量を調査する。

4）取水位置

　用水を取水する場所を［分割の後］［合流点の後］［湖から］に分け、調査する。

5）放水位置

　発電用水については、発電した後の水を放水する場所のデータが必要になる。発電用水を放水する場所を［分割の後］［合流点の後］［湖へ］に分け、調査する。注水用水についても同様。

6）取水した用水の行方

　農業・水道・工業用水は、流域内使用と流域外送水に分けられる。流域内使用の場合、消費した後の残り水の行方を考えなければならないことが出てくる。この場合は、プログラムを部分変更する必要あり。

手順32　他水系流量に関する調査

　他水系流量放水諸元を帳票Fにより調査し、登録する。

　他水系から来る流量を放水する場所を［分割の後］［合流点の後］［湖へ］として、調査する。

手順33　用水補給に関する調査

1）用水補給

　用水補給諸元を帳票Gにより調査し、登録する。

2）用水補給の種類

　用水補給の種類を次の様に分類する。

a　農業用水補給
b　水道用水補給
c　工業用水補給
d　発電用水補給
e　不特定用水補給

3）用水を補給する貯水池のダムの名前

　用水を補給する貯水池のダムを調査する。

4）用水を補給する条件

　期間毎の指定流量・最大補給量を調査する。

5）用水の補給をコントロールする地点

　［分割の後］か［合流点の後］を用水の補給をコントロールする地点として、調査する。なお、用水の補給は、該当ダムからそのダムの直下流に対し行われるようになっている。

手順34　発電余水吐(よすいばき)に関する調査
1) 余水吐とは
　流れ込み式発電では、複数の取水地点から取水してそれぞれの水路で送水し、それ等をどこか適当な地点で一つにまとめ、後は一つの水路で発電地点まで送ることがしばしば行われる。まとめる前の送水量がまとめた後の一つの水路では流し切れない流況がしばしば起きる。このため、流し切れなくなった分を川に放流する施設を余水吐と呼ぶ。
　発電余水放水諸元を帳票Hにより調査し、登録する。
2) 最大流量
　余水吐より下流の一つの水路で流せる最大流量を調査する。
3) 放水位置
　余水を放水する場所を［分割の後］［合流点の後］［湖から］に分け、調査する。
4) 関係する発電取水の名前
　この余水吐に関係する発電取水を挙げる。

手順35　水文観測所に関する調査
1) 一般事項
　水文観測所の帳票Iにより行う。
　流域内、並びに近傍にある雨量・風速・気温観測所を調査し、その名前と日本測地系の位置（度・分・秒単位）を登録する。短期間計算を行う場合は、気温観測所に関しては、不要。
　水系に関連する流量観測所を調査する。雨量・風速・気温観測所と違って位置のデータは不要。
　他水系からの流量は、流量観測所と同じ扱いをする。
2) 雨量観測所について
　特に、以下の諸点について調査し、帳票Iに登録する。

1　有効な風よけが付けられていない
2　地物や樹木によって発生する風の陰に入っている
3　一般の建物の平らな屋上に設置されている
4　雨量観測専用の小さな建物の平らな屋上に設置されている
5　雨量計のすぐ隣に電力・通信用の太い柱が立てられている
6　雨量計が設置されている場所の標高

　1～5番目の項目について当てはまる場合、帳票Iの該当欄に"1"と記入する。当てはまらない場合は"0"とする。なお、助炭形(じょたんがた)と呼ばれる風よけは、分割法では有効な風よけとは認めていない。
　6番目の項目の雨量計の設置場所の標高は、基本的には雨量計の受水器の面の標高と

するが、それほど厳密に考える必要はない。

8 　計算条件の設定（手順 36～40）

手順 36　計算期間の設定

　計算期間の設定は、計算期間と開始条件の帳票 J により行う。

　分割法には、積雪・融雪流出の部分モデルが備わっていないので、計算期間は、暖候期間に限られる。すなわち、分割法で行われる計算の計算期間は、1 月 1 日から 12 月 31 日までの暦の 1 年間のうちの降雪・積雪・融雪期間を除く任意の期間で、次の形で与える。

［計算西暦年］［開始月］［開始日］～［終了月］［終了日］

　計算の開始時刻は、計算開始日の正 9 時である。

手順 37　計算開始時の流域出口の流量の設定

　計算開始時の流域出口の流量の設定は、計算期間と開始条件の帳票 J により行う。

　計算開始時の流域出口の流量、すなわち計算開始流量は、計算開始時点において流域が貯留している水量を表わす指標値である。流域の出口における、人為の加わらない、自然の流量で数値を与える。

　川の流れは、下流ほど自然の流れではなくなる。すなわち、ダムによる貯水と放水、発電用水の取水と放水、用水の取水、下水の放水等により自然の流れから相当、場合によっては著しく変わっている。流域の出口の流量が自然の流量から無視出来ない程に違っている場合は、自然の流量に出来るだけ戻す計算をする必要がある。

手順 38　計算開始時の流域の乾燥度の設定

1）流域の乾燥度

　計算開始時の流域の乾燥度の設定は、計算期間と開始条件の帳票 J により行う。

　流域の乾燥度は、単位は雨量と同じ "mm"、計算開始時点において流域がどれ位乾いているかを示す指標である。

　山林に覆われた急な山の中腹の土層でも、スーパー大雨の直後に雨量換算で 200 mm 以上の水分を保持していると考えられている。この値は、流域の山林以外の場所がスーパー大雨の後、乾いて水分を失い得る最大値より桁違いに多い。

　この水分は、木が、根から吸い上げて、葉から大気中に蒸発させていくことで徐々に失われ、スーパー大雨の後相当の日数が経つと、保持している水分量がかなり少なくなっている。急な山の山林下の中腹における "200 mm 以上の最大の水分量" とこの "相当少なくなっている水分量" の差がここでの土の乾燥量になる。流域の中で、山林は最大の水分の消費地と考えてよいから、山林の土より乾いている場所は、他に無い。しか

し、日本の国では、スーパー日照りでも山林に覆われた山の中腹の土層が 200 mm を大幅に超えて蒸発するようなことはめったに起こらないと考えられるから、山林に覆われた山の急な中腹の土層の乾燥度を流域の乾燥度の指標値にすることが出来る、訳である。

今、流域の乾燥度が 60 mm であったとすると、例えば、最大 30 mm の乾燥が起こり得る場所は、日照りの後の雨の降り始めからの累加雨量が 30 mm に達すると、それ以後の雨量は全て川に流れ出る、それ以前の雨は全然川に流れ出ない、と考えてよい。

次の 2) で示すデータから当該流域において起こり得る流域の乾燥度の範囲が想定出来る。また、3) の計算で概略を求めることが出来る。

2) 日本全国にわたる流域の乾燥度のデータ

全国にわたる 20 の山地多目的ダム流域について、一連雨量毎の雨量と 24 時間流出量の関係を求めたのが図-6 である。ここで、24 時間流出量とは、一連降雨の開始時の流量、すなわち初期流量でハイドログラフを水平分離し、次に一連降雨の終了時より 24 時間までの部分を取り出して流出高さに換算した値である。一連降雨の流出量より少ないが、そう遠くない値と考えることが出来る。

この一連のグラフの縦と横の目盛り線は、共に 100 mm である。原点を通る 45 度の直線と各雨量点の間の縦距離はその降雨の損失雨量に近い値になる。日本の国では、北から南に向かうに従って一連降雨の規模が大きくなっていき、それに応じて当然流出量が大きくなるが、損失量も大きくなることがよく分かる。

この関係図から、分割法における流出計算開始時の流域の乾燥度についての情報が得られる。

3) 流域の乾燥度の計算

『理科年表』（国立天文台編、丸善）の気象の部の月平均データがある全国 80 地点について Hamon の可能蒸発散量算定公式（第Ⅱ部第 4 章 2 参照）を用いて、月平均蒸発散量を計算して作ったのが表-8 である。流域の中心からこの 80 地点の中の一番近い地点を選び、その地点の月平均の日可能蒸発散量を流域の蒸発散量とする。この流域の蒸発散量に割増の補正係数を乗じて流域の森林地における蒸発散量とする。そして、晴天の日はこの量の蒸発散が起こる、雨天の日は割り引いた値の蒸発散が起こるとする。すなわち、晴天の日の蒸発散量と雨天の日の蒸発散量を考える。以上で準備を完了し、次の逐次計算を行う。表-16（72 頁）参照。

①流域の乾燥度が零になったと思われる日を探し出し、これを基準日とする。そして、この日からの日数を数えるものとする。

②例えば、第 1 日目が晴天であったとすると、晴天の日の蒸発散量が発生し、その分だけ流域の乾燥が発生する。

③例えば、第 2 日から晴天が 3 日間続いた後、第 5 日目が雨天で r mm の雨量があったとする。これまでに 4 日分の晴天の日の蒸発散量と 1 日分の雨天の日の蒸発散量

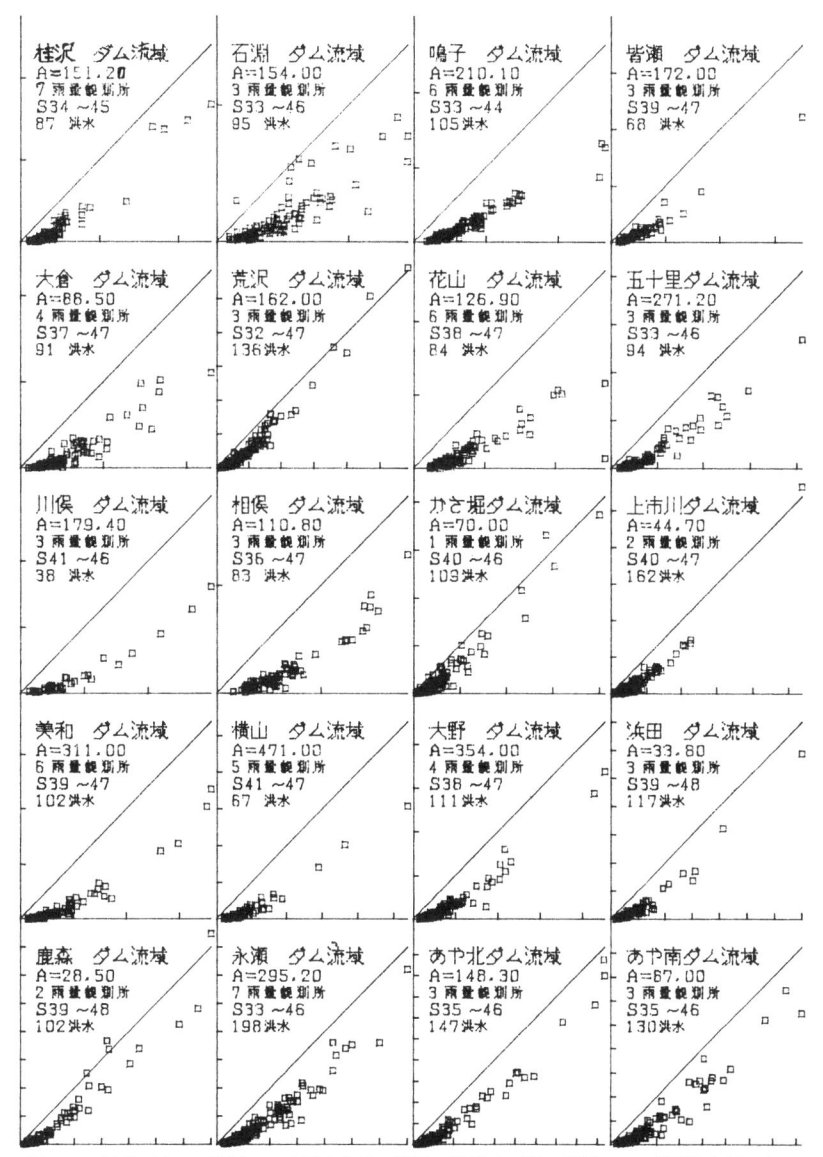

図-6 一連降雨毎の雨量と24時間流出量の関係（横軸が雨量，縦軸が24時間流出量である。各軸の一目盛りは100 mmに相当し，斜線は45度の直線である）。（岡本芳美「日本列島の山林地域流域における降雨の流出現象に関する総合的研究」『土木学会論文報告集』280, 1978）

表 8　Hamon 式による月平均日可能蒸発散量 (mm/day)

地点	1	2	3	4	5	6	7	8	9	10	11	12
稚内	0.3	0.3	0.6	1.1	1.8	2.5	3.2	3.1	2.1	1.1	0.5	0.3
留萌	0.3	0.4	0.6	1.2	2.0	2.8	3.6	3.3	2.1	1.1	0.6	0.3
旭川	0.3	0.4	0.6	1.2	2.1	3.1	3.8	3.3	2.1	1.0	0.5	0.3
網走	0.3	0.4	0.6	1.3	1.9	2.5	3.2	3.0	2.0	1.1	0.6	0.3
札幌	0.3	0.4	0.7	1.3	2.2	3.0	3.8	3.5	2.2	1.2	0.6	0.4
帯広	0.3	0.4	0.6	1.2	2.1	2.8	3.4	3.2	2.1	1.1	0.6	0.4
釧路	0.3	0.4	0.6	1.1	1.7	2.3	2.8	2.8	1.9	1.2	0.6	0.3
根室	0.3	0.4	0.6	1.0	1.6	2.2	2.7	2.7	1.9	1.2	0.6	0.3
寿都	0.3	0.4	0.7	1.2	2.0	2.8	3.5	3.4	2.2	1.2	0.7	0.4
浦河	0.3	0.4	0.7	1.2	1.8	2.5	3.1	3.1	2.2	1.2	0.6	0.4
函館	0.3	0.4	0.7	1.3	2.1	2.8	3.5	3.4	2.2	1.2	0.7	0.4
青森	0.4	0.5	0.7	1.4	2.3	3.1	3.8	3.7	2.3	1.3	0.7	0.4
秋田	0.4	0.5	0.8	1.5	2.4	3.4	4.2	4.0	2.5	1.4	0.8	0.5
盛岡	0.4	0.5	0.7	1.5	2.4	3.3	4.2	3.7	2.3	1.3	0.7	0.4
宮古	0.4	0.5	0.8	1.5	2.3	3.0	3.6	3.5	2.4	1.4	0.8	0.5
酒田	0.5	0.6	0.9	1.6	2.5	3.5	4.3	3.9	2.5	1.5	0.9	0.6
山形	0.4	0.5	0.8	1.5	2.4	3.3	4.2	3.9	2.6	1.4	0.8	0.4
仙台	0.5	0.6	0.9	1.6	2.5	3.3	4.0	3.9	2.6	1.5	0.9	0.6
福島	0.5	0.6	0.9	1.7	2.7	3.6	4.3	4.1	2.6	1.5	0.9	0.5
小名浜	0.5	0.6	0.9	1.7	2.6	3.3	3.8	3.8	2.7	1.6	1.0	0.6
輪島	0.6	0.7	0.9	1.6	2.5	3.5	4.4	4.0	2.7	1.6	1.0	0.6
相川	0.6	0.7	0.9	1.6	2.5	3.4	4.2	4.0	2.7	1.6	1.0	0.6
新潟	0.5	0.6	0.9	1.6	2.6	3.6	4.4	4.2	2.8	1.6	0.9	0.6
金沢	0.6	0.6	1.0	1.7	2.6	3.7	4.6	4.3	2.9	1.7	1.0	0.7
富山	0.6	0.7	1.0	1.7	2.7	3.6	4.5	4.2	2.8	1.6	1.0	0.7
長野	0.4	0.5	0.8	1.6	2.7	3.4	4.2	4.0	2.5	1.4	0.8	0.5
高田	0.5	0.6	0.9	1.7	2.6	3.6	4.5	4.3	3.0	1.6	0.9	0.6
宇都宮	0.5	0.6	1.0	1.8	2.7	3.5	4.4	4.2	2.8	1.6	1.0	0.6
前橋	0.6	0.7	1.0	1.8	2.8	3.7	4.4	4.1	2.8	1.7	1.1	0.7
熊谷	0.6	0.7	1.1	1.8	2.8	3.7	4.4	4.2	2.8	1.7	1.1	0.7
水戸	0.6	0.7	1.0	1.7	2.6	3.4	4.1	4.0	2.7	1.7	1.1	0.7
敦賀	0.6	0.7	1.0	1.7	2.6	3.6	4.4	4.4	3.0	1.6	1.0	0.7
福井	0.6	0.7	1.1	1.7	2.8	3.6	4.5	4.3	3.0	1.8	1.1	0.7
高山	0.4	0.5	0.8	1.5	2.5	3.2	3.9	3.6	2.4	1.3	0.7	0.4
松本	0.4	0.5	0.8	1.5	2.5	3.3	4.1	3.8	2.4	1.3	0.7	0.4
軽井沢	0.4	0.4	0.7	1.2	2.0	2.7	3.3	3.0	2.1	1.1	0.6	0.4
岐阜	0.6	0.8	1.1	1.9	2.9	3.9	4.7	4.5	3.0	1.8	1.2	0.8
名古屋	0.6	0.7	1.1	1.9	2.9	3.8	4.6	4.4	3.1	1.8	1.2	0.8
飯田	0.5	0.6	0.9	1.6	2.6	3.4	4.2	3.9	2.6	1.5	0.9	0.6
甲府	0.5	0.7	1.1	1.9	2.8	3.7	4.5	4.2	2.8	1.6	1.1	0.7
銚子	0.7	0.8	1.2	1.9	2.7	3.4	4.0	4.0	3.0	1.9	1.2	0.8
津	0.7	0.8	1.1	1.9	2.8	3.8	4.6	4.4	3.0	1.8	1.2	0.8
浜松	0.6	0.7	1.1	1.9	2.9	3.8	4.5	4.5	3.1	1.9	1.1	0.7
静岡	0.7	0.8	1.2	2.0	2.9	3.8	4.5	4.3	3.1	1.9	1.2	0.8
東京	0.6	0.8	1.2	1.9	2.8	3.6	4.4	4.4	3.0	1.8	1.2	0.7
尾鷲	0.7	0.8	1.2	2.0	3.0	3.8	4.4	4.2	3.0	1.9	1.2	0.8
横浜	0.7	0.8	1.2	1.9	2.9	3.7	4.4	4.4	3.0	1.8	1.2	0.8
大島	0.7	0.8	1.2	1.9	2.7	3.4	3.8	3.9	2.8	1.8	1.2	0.8
八丈島	1.0	1.1	1.5	2.2	3.0	3.8	4.3	4.3	3.4	2.2	1.5	1.1
西郷	0.6	0.7	1.1	1.7	2.6	3.4	4.3	4.2	2.8	1.7	1.1	0.7
松江	0.7	0.7	1.1	1.8	2.7	3.6	4.5	4.3	2.9	1.7	1.1	0.7
鳥取	0.6	0.7	1.0	1.7	2.7	3.6	4.5	4.3	2.9	1.7	1.1	0.7
浜田	0.7	0.8	1.1	1.9	2.7	3.6	4.6	4.4	2.9	1.8	1.1	0.8
彦根	0.6	0.6	1.0	1.7	2.7	3.9	4.8	4.6	3.1	1.7	1.1	0.7
京都	0.6	0.7	1.1	1.9	2.8	3.6	4.7	4.5	2.9	1.7	1.1	0.7
下関	0.7	0.8	1.1	1.9	2.7	3.6	4.7	4.3	3.0	1.7	1.0	0.7
広島	0.6	0.8	1.1	2.0	2.9	3.7	5.0	4.5	3.1	1.9	1.1	0.7
岡山	0.7	0.8	1.1	2.0	2.9	4.1	4.8	4.7	3.2	1.9	1.1	0.8
神戸	0.7	0.8	1.1	2.0	2.8	3.7	4.8	4.7	3.2	1.9	1.2	0.8
大阪	0.7	0.8	1.2	2.0	2.9	3.9	4.8	4.5	3.2	1.9	1.2	0.8
和歌山	0.7	0.8	1.3	2.1	3.0	3.9	4.4	4.3	3.2	2.0	1.3	0.9
潮岬	0.8	1.0	1.4	2.1	2.9	3.7	4.4	4.3	3.2	2.1	1.3	1.0
奈良	0.6	0.7	1.0	1.9	2.8	3.5	4.4	4.2	2.9	1.7	1.0	0.7
巌原	0.7	0.8	1.2	2.0	2.7	3.9	4.4	4.4	3.0	1.9	1.2	0.8
福岡	0.7	0.9	1.2	2.0	2.8	3.9	4.9	4.5	3.1	1.9	1.2	0.8
佐賀	0.7	0.8	1.2	2.0	2.8	3.9	4.8	4.5	3.1	1.9	1.2	0.8
大分	0.7	0.8	1.1	1.9	2.8	3.7	4.6	4.3	3.0	1.9	1.2	0.8
長崎	0.7	0.8	1.3	2.1	3.0	3.8	4.8	4.5	3.2	2.0	1.2	0.8
熊本	0.7	0.8	1.3	2.1	3.0	3.9	4.5	4.5	3.2	2.1	1.1	0.8
鹿児島	0.8	1.0	1.4	2.2	3.1	4.0	4.9	4.6	3.4	2.1	1.3	0.9
宮崎	0.8	0.9	1.3	2.0	2.8	3.9	4.8	4.4	3.2	2.0	1.3	0.9
福江	0.8	0.9	1.3	2.0	2.9	3.8	4.5	4.4	3.1	2.0	1.3	0.9
徳島	0.7	0.8	1.1	2.0	2.8	3.8	4.7	4.5	3.1	1.9	1.1	0.7
松山	0.7	0.8	1.1	2.0	2.9	3.7	4.7	4.5	3.1	1.8	1.1	0.8
高知	0.8	0.9	1.3	2.0	2.9	3.8	4.7	4.4	3.0	1.8	1.1	0.8
足摺	0.9	1.0	1.3	2.0	2.8	3.6	4.3	4.3	3.2	1.9	1.1	0.9
室戸岬	0.8	0.9	1.3	2.0	2.9	3.6	4.3	4.2	3.1	1.8	1.1	0.8
名瀬	1.0	1.1	1.5	2.0	2.7	3.4	4.4	4.5	3.4	2.2	1.4	1.0
飯田	1.3	1.5	2.0	2.7	3.5	4.4	5.0	4.2	3.6	2.6	1.9	1.4
那覇	1.5	1.7	2.1	2.8	3.7	4.5	4.8	4.4	3.8	2.8	2.1	1.7

50

の合計の流域の乾燥が起こって、その日の終わりに rmm の雨量があったとすると、それが流域の乾燥を補い、その日の終わりの流域の乾燥量が得られる。

④このように逐次計算を行って、第 n 日目の流域の乾燥量が Rmm で、この日に Rmm を超える大雨が降ったとすれば、流域の乾燥は解消される。そうしたら、その日を基準日に指定し直す。

以上の手順を繰り返していくと、任意の日の流域の乾燥量を概算出来る。この値を目安にして、計算開始時の流域の乾燥度を決める。

手順39　計算開始時の利水用貯水池の貯水状況の設定

計算開始時の利水用貯水池の貯水状況の設定は、計算期間と開始条件の帳票 J により行う。

水系にダムで作られた利水用の貯水池がある場合、貯水池に流れ込んだ水量を下流に流さなければならない量、すなわち義務放流量を超えた場合、超えた分を貯水池に溜めることが出来る。大雨が降って出水が起こった場合は、単純に言って、空の部分が一杯になるまで全部溜め込んで、その後に貯水池に流れ込んでくる流れはそのまま下流に放水することになる。であるから、流出計算を開始するに当たって、利水用の貯水池にどれくらい空の部分が生じているか調査して、設定することは、大変重要な事柄である。

手順40　計算結果の表示地点の設定

計算結果表示地点の帳票 K を用いて、計算結果表示地点を入力する。計算結果の表示地点は、分割の後か分割の合流の後、そしてダムの後のいずれかである。

計算結果を検証したい場合は、時間流量データの帳票 M を用いて、実測流量のデータを入力しておく。

9　水文データの蒐集（手順41～43）

手順41　時間雨量データの蒐集

時間雨量データの帳票 L を用いて、登録された雨量観測所の時間雨量データを準備する。分割法においては、地点雨量だけ準備すればよい。

登録されている観測所について計算期間内の時間雨量のデータを月を 1～8 日、9～16 日、17～24 日、25～31 日の 4 つの期間に分けて準備する。日界は正 9 時。

ある観測所に上記各期間内に最低 1 時間分のデータがあれば、その観測所について帳票 L を作る。

雨量に関しては、時刻を N 時とすると、正 [N-1] 時より正 [N] 時の間の 1 時間の雨量、すなわち時間雨量を N 時の雨量と呼んでいる。

計算期間内の各時間について、登録された観測所の最低どれか一つに時間雨量のデータがあれば、計算が行われる。この条件を満たさなければ、計算は、中止される。

手順 42　時間流量データの蒐集

　時間流量データの帳票 M を用いて，登録された流量観測所の時間流量データを準備する。

　ダム地点で計算流量を実測放流量に置き換える必要がある場合は、計算期間内の時間流量データを準備する。この場合、欠測データが計算期間内に 1 時間でもあると計算は中止されるので、注意を要する。帳票にある"実測流量に置き換え"という項で"01"と指示する。

　他水系流量の名前が登録されている場合、それの計算期間内の時間流量のデータを準備する。この場合、欠測データがあると、この流量は零として処理される。

　計算結果表示地点で実測流量がある場合は、計算期間内の時間流量データを準備する。この場合、期間内に欠測データがあってもよい。

　流量の場合、N 時の流量はその時刻の瞬間の流量であるが、正 [N−1] 時より正 [N] 時の間の 1 時間の平均流量も N 時の流量と呼んでいる。従って、時間流量に関しては、瞬間値であるか時間平均値であるかの区別を常に付けなければならない。

手順 43　日気温データの蒐集

　日気温データの帳票 N を用いて、登録された気温観測所の日気温データを準備する。

　期間内にデータの欠測があると、『理科年表』の気象の部の月平均データがある全国 80 地点から該当気温観測所に一番近い地点を選び出し、そこの月平均気温で日気温に代える処置が自動的に行われる。

　また、気温観測所が登録されていない場合は、前記同様、分割に一番近い『理科年表』の全国 80 地点から一番近い地点を選び出し、そこの月平均気温をその月の日全部の日気温にする処置が自動的に行われるようになっている。

10　計算機等の準備（手順 44）

手順 44　計算機と計算ソフトの準備

1) 計算機の準備

　C 言語を使える Linux 計算機と PostScript 対応プリンターを用意する。

2) 計算ソフトについて

　計算のソフトは、全体を分割法ソフトと呼び、大きく次の構成になっている。

A　データ入力（約 70KB）
B　本計算（約 270KB）

　分割法ソフトは、ANSI-C 言語で組まれている。利用者によるプログラムの修正・変更・改良が自由なオープン・ソフトである。

11 データの入力（手順 45）

手順 45　帳票データの計算機入力
　データ入力ソフトを用いて、帳票 A～N のデータをキーボード入力する。その結果 AAA～NNN の名前のデータファイルがハードディスクに作られる。

12 計算の実行（手順 46）

手順 46　計算の実行
1) ソース・ファイルのコンパイル
　本計算ソフトは、

[データ]　　(p_data.c)
[準備]　　　(p_junbi.c)
[計算]　　　(p_keisan.c)
[表示]　　　(p_hyouji.c)

の 4 構成から成るソース・ファイルなので、各構成毎次のようにコンパイルして、各実行ファイルを作る。

```
cc p_data.c
cc p_junbi.c -lm
cc p_keisan.c -lm
cc p_hyouji.c -lX11
```

　表示ファイルをコンパイルする際のコマンドは、"-lX11" のオプションが必要になる。この後、必ず、

```
cp -p a.out hyouji
```

を行っておく。そうすれば、[計算] の実行が終わると、自動的に計算結果の表示に移ることが出来るようになっている。

2) 計算の実行
　[データ][準備][計算] の順で計算を実行する。[計算] が始まると計算月日時が進行に伴って表示され、終わると計算ケース順・表示地点順に作られた計算結果のファイル名前が、例えば次のように一覧表示される。この中のファイルを vi エディタを用い

て開けば、生の計算結果のデータを計算条件・平均雨量・計算流量・検証流量の順で見ることが出来る。

h_Keisann_kekka_Tonegawa_1947.9.14〜9.16_Karasugawa_gouryuuten
　　・
　　・

また、計算月日時の進行の表示の中で、大水の川岸（堤防）からの溢流が発生すると、その旨が加えて表示される。そして、これに伴って、次のようなファイルが作られる。

h_Keisann_kekka_Tonegawa_1947.9.14〜9.16_itsuryuu

このファイルを vi エディタを用いて開いて見れば、溢流が発生した分割の番号と発生月日時分（15分間隔）を後で知ることが出来る。

3）計算結果の表示

本計算では、計算水系の複数の期間の計算を一括して行う仕組みになっているので、各期間の計算結果には"［西暦年］［開始月］［開始日］〜［終了月］［終了日］"の計算名前が付けられている。

①計算名前の後の計算ケース番号をキーボード入力する。

　計算名前／計算ケース番号

②計算結果表示地点の後の表示地点番号をキーボード入力する。

　計算結果表示地点名前／表示地点番号

③計算期間の最初から5日間の計算結果のグラフが表示され、次の表示が現れる。プロンプト文の"／"の後の番号をキーボード入力して表示の仕方を選ぶ。

　進める／1　　　　計算期間が5日間以上の場合、現在表示中の最初の日から次の
　　　　　　　　　5日間分を表示する。
　戻す／2　　　　　上記の逆を行う。
　1日進める／3　　現在表示中の最初の日を1日間進める。
　1日戻す／4　　　上記の逆を行う。

最初から／5	計算期間開始の日に表示を戻す。
何日から／6	計算期間中の任意の月・日から表示する。
次の地点／7	複数の計算結果表示地点から任意の地点を選ぶ。
次のケース／8	複数の計算ケースの中から任意のケースを選ぶ。
ハード・コピー／9	現在表示されている計算結果を印刷する。
表示終わり／0	表示を終わらせる。

4) 準備実行時に帳票Bに起因してエラーが発生した場合

　[準備]を実行中に帳票Bに起因するエラーが発生した場合、エラーの原因が表示されて計算が中止される仕組みになっている。そこで、vi エディタを用いて BBB ファイルを開き、エラー発生部分を元帳票と照らし合わせて訂正して、訂正 BBB ファイルを作成し、計算を再開する。

　この場合、各分割のデータは003のデータ番号の後に4桁で表された分割番号で始まるから、"／003 四桁の分割番号"というコマンドを送ると、目的の分割のデータ群の先頭にたどり着ける。そこで、2～157のデータ番号が付されてたデータの中から目的とするデータをデータ番号を用いてさがし出すことが出来る。ただし、4桁で表された分割番号とは、分割番号が"123"の場合、"0030123"で表す。分割のデータ群の終わりは"157XXXXXXXX"で示される。

　BBBファイル以外の他の帳票に関しても同様である。

5) 計算結果の随時の表示

　次の計算を行うまでの間、[表示]を単独で実行すれば、計算結果を随時表示出来る。すなわち、"./hyouji"を行えばよい。

13　完全な計算例

1) 完全な計算例とは

　"完全な計算例"という標題は、単なる計算例でなく、計算の経過が全て余すこと無く示されている、ことを意味している。

　分割法の完全な計算例として、筑後川の右支川の佐田川水系（流域面積 62 km^2）を対象とし、そこにおける1982年（昭和57年）7月6日から8月6日までの1ヵ月間の川の流れを計算する。

　佐田川水系を選んだ理由は、小さな川であるのにもかかわらず大きな川と同様に多彩であることである。加えて、流域内に独立行政法人水資源機構が高度管理している寺内多目的ダム貯水池があって、そこでの流出量が精密に観測されており、計算結果の検証が出来ることである。

　計算期間として1982年7月から8月にかけての1ヵ月間を選んだ理由は、この期間

の出発点において流域が相当な乾燥状態にあったこと、そしてその後に4回の大雨があり、段々と最大流量が大きくなっていく大水が4回起こって、最後の大水の後は晴天の日が2週間続いていることである。このように最後の大水の後、晴天の日が長く続くことは、珍しい。すなわち、この間の降雨の流出が多彩であるためである。

2) 計算の全容
手順1　地形図の準備
　国土地理院刊20万分の1地勢図の福岡により、佐田川の流域が乗っている2万5千分の1地形図の名前を調べると、甘木・小石原・田主丸・吉井の4地形図が得られる。これ等の地形図を日本地図センターより購入する。

　図-7と表-9参照。上記地形図を編集して1から4の番号を付け、番号と地形図の名前、図郭の左下の位置、左側の縦辺と下横線の長さを帳票Aに登録する。

　この図-7の4枚の地形図の上でこれから述べる各種作業を行うので、これ等を作業用地形図と呼ぶ。

手順2　地質図の準備
　旧経済企画庁総合開発局刊の『20万分の1土地分類図40（福岡県）』（日本地図センターが復刻版を発行）の「表層地質図」に甘木・小石原・田主丸・吉井の4地形図の図郭を落とし、図-8 (a) の原地質図を作る。次に、新しい地質分類にしたがって図-8 (b) の新地質図を作る。

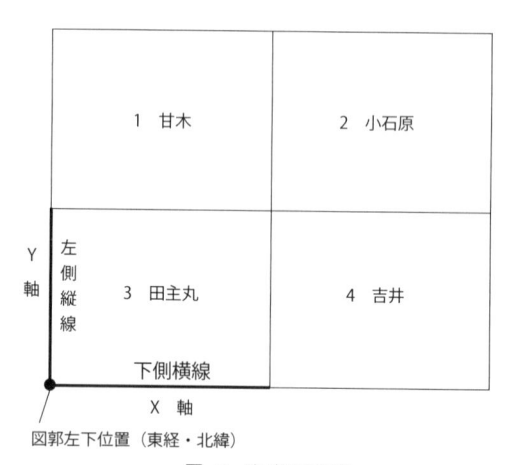

図-7　地形図の編集

表 — 9　帳票 A　地形図

地形図名前は、左詰め、アルファベットの大文字と英数字、ならびに '_' '.' の代わりに '=' を使用。空白部を '%' で埋める。
地形図の寸法は、mm単位、右詰め、空白に零字詰入。地形図の位置（度・分・秒）は、右詰め、空白に零字詰入。

番号	名前	横長さ	縦長さ	光度	先鋭度	分	秒	度	分	秒
01	02	03	04							
01	AMAGI%%%%%%	0370	0465	04	35	25	00	130	37	30
02	KOISHIHARA%%	0370	0475	04	33	25	00	130	45	00
03	TANUSHIHARA%	0370	0465	04	33	20	00	130	37	30
04	YOSHII%%%%%%	0370	0475	04	33	20	00	130	45	00

(a)

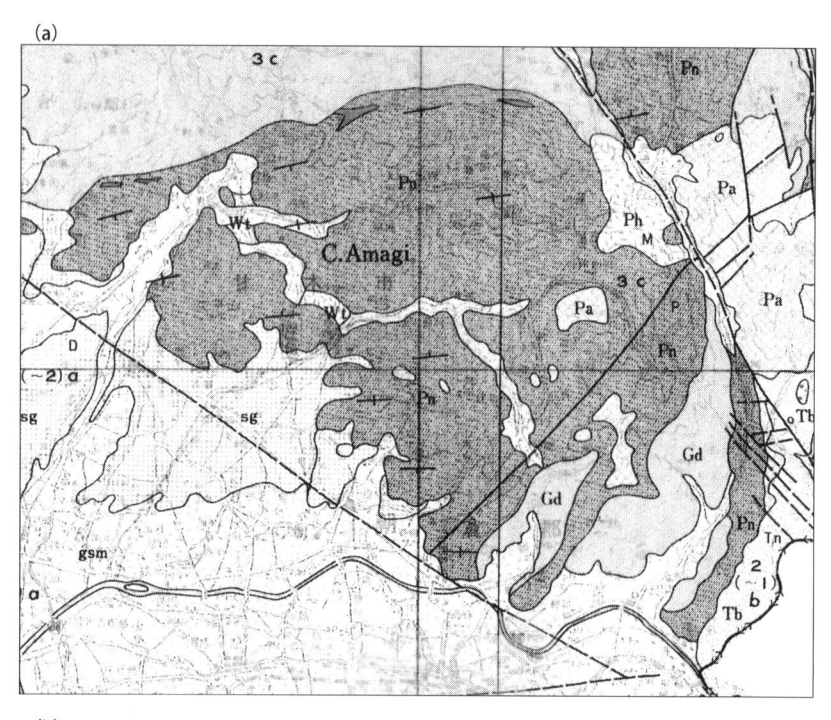

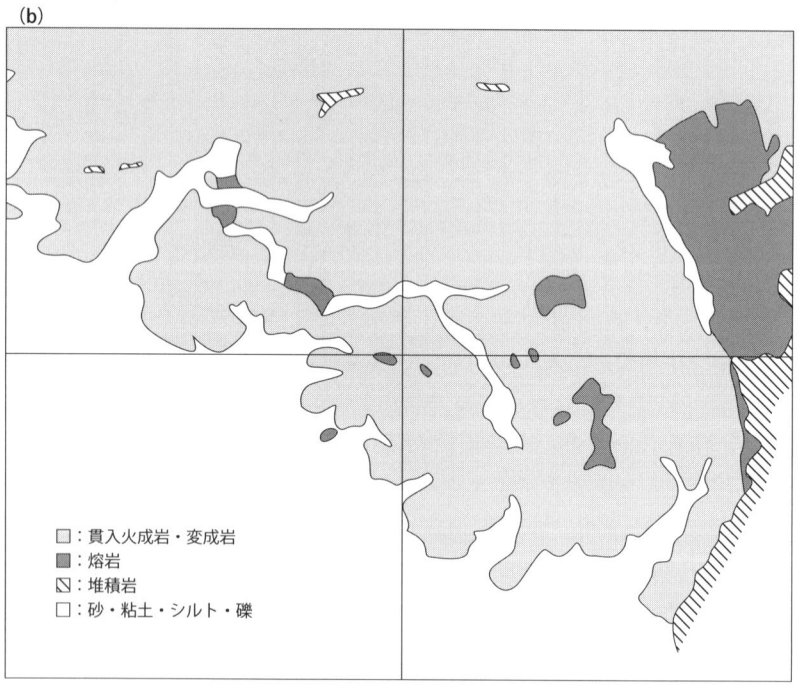

(b)
□：貫入火成岩・変成岩
■：熔岩
◨：堆積岩
□：砂・粘土・シルト・礫

図-8 原地質図（a）と新地質図（b）

手順3　水系の区切り

図-9参照。2万5千分の1地形図に現れている川の水系の区切りを作業用地形図上で行う。

手順4　流域の分割

図-10参照。水系の区切り点にしたがって作業用地形図上で流域の分割を行う。

手順5　分割への一連番号の付与

図-10参照。作業用地形図上で設定された分割に一連番号を付ける。佐田川流域の流域分割数は、127になる。

手順6　水系構成図の作成

図-11参照。佐田川水系の水系構成図を作る。

手順7　分割の帳票の準備

佐田川流域の分割数は127なので、その数の帳票Bの原票（9頁）127枚分のコピーを行う。

手順8　水系の名前と流域の分割数の登録

分割番号1の帳票Bに水系の英大文字の名前（SATAKAWA）と流域分割数（127）を登録する。

帳票Bへの登録例を、表-22（81～89頁）でまとめて表示する。

手順9　湖に流入する分割と湖の岸の分割が流入する湖の分割の番号の登録

図-11参照。湖に流入する分割と湖の岸の分割の合計数は23。帳票Bに登録する。

手順10　ダムの名前と番号の登録

表-10参照。佐田川水系にあるダム貯水池の数は5である。ただし、寺内ダム貯水池だけが本当のダム貯水池で、残りは池である。池の名前をダムの名前としてダムの名前を帳票Bのダム名前欄に登録する。

表-10　佐田川水系のダム

湖の分割	ダム番号	ダム名前	治水方式	利水目的
70	1	寺内	一定量放流方式	不特定
75	2	妙見池	流入即放流方式	なし
79	3	舞状池	〃	〃
86	4	泉水谷池	〃	〃
103	5	公園池	〃	〃

手順11　分割の合流関係の登録

分割の合流関係を帳票Bに登録する。

手順12　分割の図心・面積と区間の川の長さの測定

作業用地形図上で分割の図心・面積と区間の川の長さを測定し、測定結果を帳票Bに登録する。

図-9 2万5千分の1地形図上の川
（川を横断している短い線の地点が追加の地点の区切り地点）

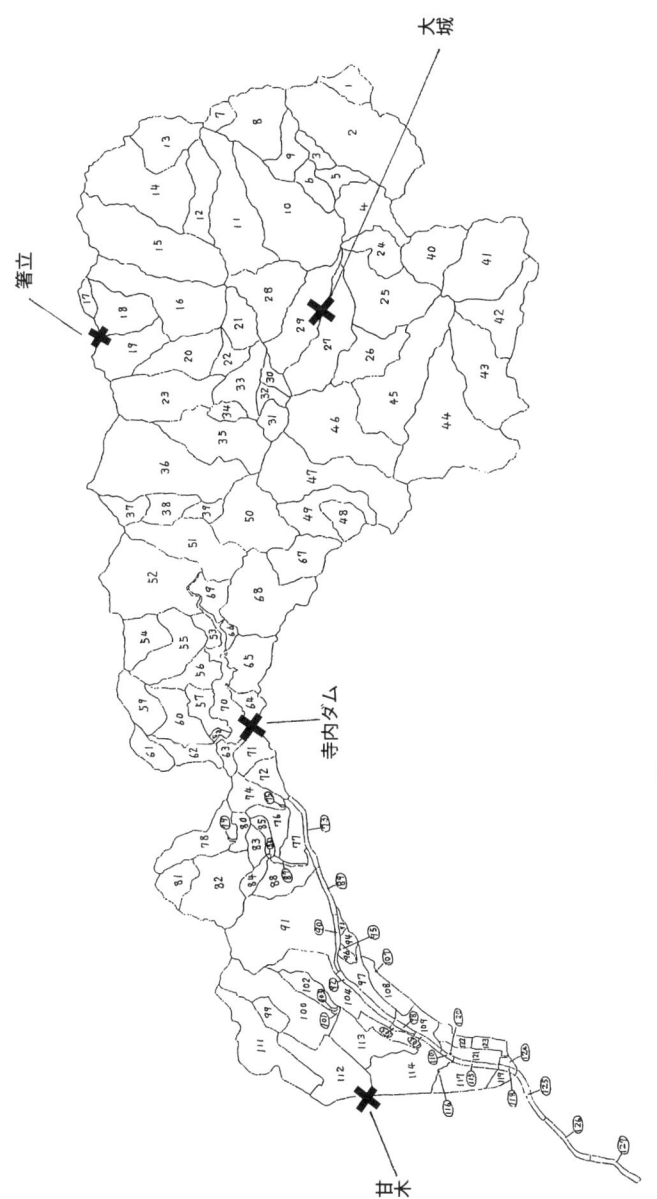

図-10 流域分割図（×印は雨量観測所位置）

第Ⅰ部　分割法　第3章　計算の手続きの全容　61

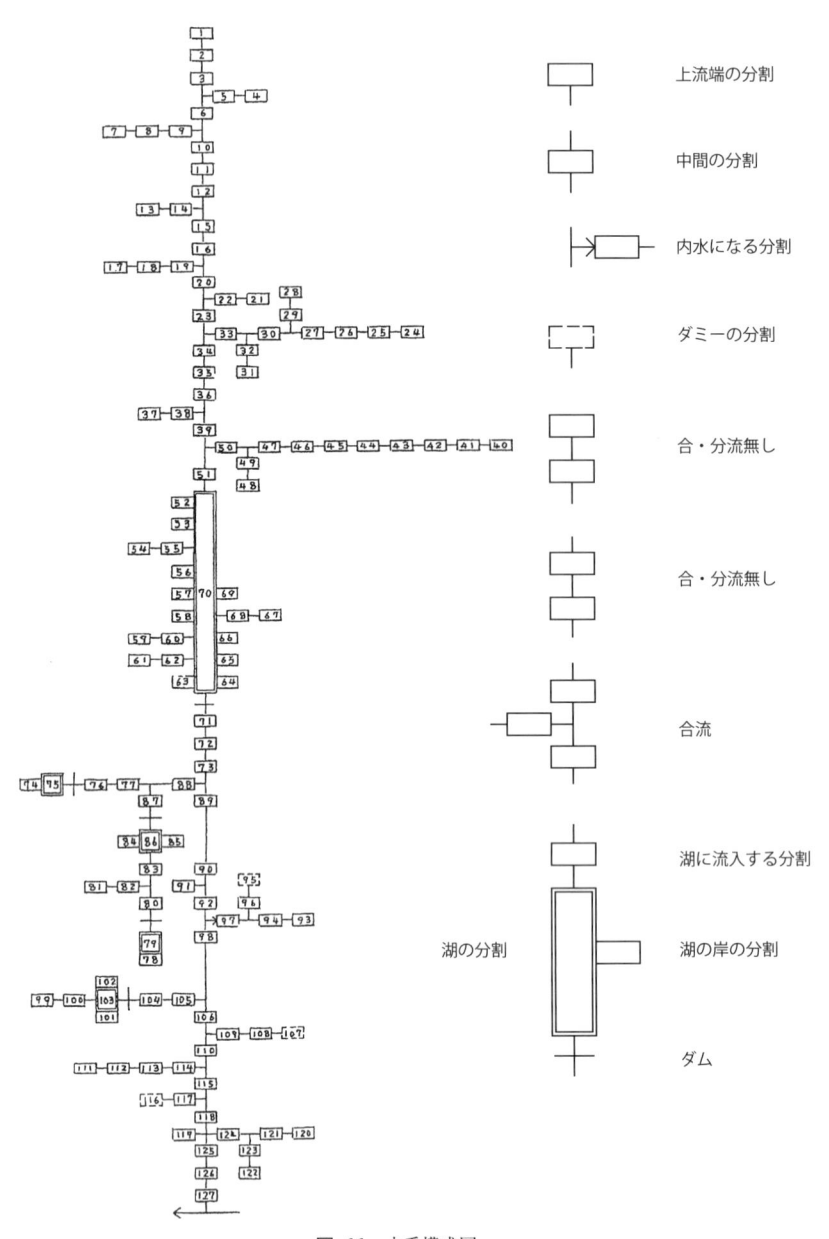

図-11　水系構成図

手順13　湖水面の標高の測定

　寺内ダム貯水池の湖水面標高は、地形図において湖岸線に隣り合う等高線の標高が120 m なので、120−5 = 115 m とする。残り4池ダム貯水池については、国土地理院による標高が分かる Web 地図で測定する。測定結果を帳票 B に登録する。

手順14　分割の出口の標高と落差の測定

　分割の出口の標高と落差は、標高が分かる Web 地図により測定し、帳票 B に登録する。

手順15　分割の山の部分の最高標高の測定

　分割の山の部分の最高標高を地形図の等高線により測定し、帳票 B に登録する。

手順16　分割の土地利用状況の判定

　カラー口絵参照。分割の土地利用状況を、作業用地形図の上に色分けして示す。

　平地の大地形は、前述の『20万分の1土地分類図40（福岡県）』の中の「地形分類図」により三角洲以外の平地と判定する。

手順17　区間の川の判定

　区間の川の判定結果は、次の通りである。なお、この判定は、国土地理院による電子国土 Web.NEXT を利用し、地形図に空中写真を重ねて行う。

水理計算が不可能な自然河川	該当無し
水理計算が可能な自然河川	分割 35・36・39・51・71
等流計算が行われている改修河川	分割 72・73・89・90・92・98・106・110・115・118・125・126・127
不等流計算が行われている改修河川	該当無し
線の川	残り全部の中間の分割

　判定結果は帳票 B に登録する。

手順18　分割の山の地質の判定

　図−8（b）（58頁）の新地質図（縮尺20万分の1を10万分の1に拡大、用紙トレース紙）を作業用地形図に重ねて地質の判定を行う。

　判定結果は帳票 B に登録する。

手順19　分割が属する作柄表示地帯の判定

　佐田川流域全体が、表−7（36頁）の作柄表示地帯の福岡県北筑後（コード番号4004）に属している。1番の分割の帳票 B に登録する。

手順20　分割の土地利用の抽出

　土地利用抽出票（21頁）を用いて作業用地形図から抽出する。抽出例を図−12において示す。

手順 21 抽出された面積の測定
　抽出票上で各土地利用の面積を測定し、結果を帳票 B に登録する。

手順 22 抽出された線の長さの測定
　抽出票上で抽出された線の長さを測定し、結果を帳票 B に登録する。

手順 23 三角洲上の水田の地下排水に関する調査
　佐田川流域の平地は全部三角洲以外の平地に属しているので、この調査を行う必要は無い。

手順 24 区間の川に関する調査
　地形図上で幅がある水理計算が可能な自然河川については、現地調査を行っていないので、帳票 B における関連項目の各データの登録は、無い。

　等流計算が行われている改修河川については、この区間が国の管理区間であり、計画と現状の両方の縦断図と横断図が整備されている。しかし、このデータを使用しないで、代わりに国土地理院による標高が分かる Web 地図を用いて図-13 の図面を作成した。したがって、帳票 B に登録されている関連項目の各データは、間接測定のデータである。

手順 25 内水になる分割に関する調査
　このことに関する現地調査は、行っていない。電子国土 Web.NEXT を用いた調査から、分割 97 を内水になる中間の分割と判定した。

　分割 97 の逆水門の開閉をコントロールする分割を分割 71 とし、臨界比流量を 0.5 m^3／sec／km^2 と仮定して設定し、帳票 B に登録する。

手順 26 排水機を持つ分割に関する調査
　該当無し。

手順 27 分流に関する調査
　該当無し。

手順 28 分派に関する調査
　該当無し。

手順 29 治水ダムに関する調査
　表-11 参照。水系にある 5 ダム貯水池のうち寺内ダム貯水池だけが該当する。寺内治水ダム貯水池は、治水容量が 700 万 m^3 である。本計算例では仮想の一定量放流方式とし、諸元を帳票 C に登録する。

手順 30 利水ダムに関する調査
　表-12 参照。水系にある 5 ダム貯水池のうち寺内ダム貯水池だけが該当する。寺内利水ダム貯水池は、農業・都市・不特定の 3 目的の利水容量が 900 万 m^3 である。しかし、目的別容量が決められていないので、本計算では、容量が 900 万 m^3 の不特定用水ダム貯水池として取り扱い、諸元を帳票 D に登録する。

図-12　土地利用の抽出例

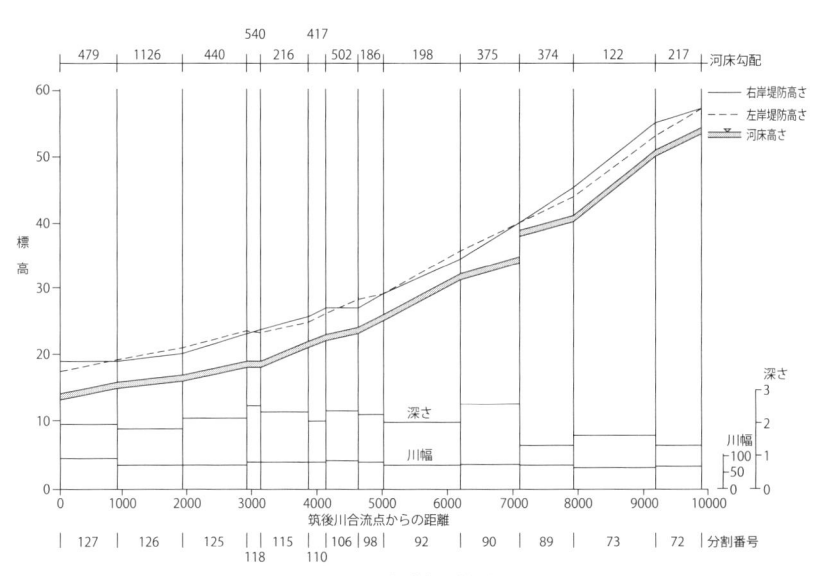

図-13　水系主流縦断図

第Ⅰ部　分割法　第3章　計算の手続きの全容

表 － １ １　　帳票 Ｃ　　治水ダム諸元

右詰め、空白に零文字挿入。貯水量と流量は、下1桁四捨五入

ダムの番号	01	0 1									

自然調節方式　貯溜量曲線　分割数　02 ☐

関係　　貯水量（㎥）　　　　　　　流量（㎥/s）

	03								14				
	04								15				
	05								16				
	06								17				
	07								18				
	08								19				
	09								20				
	10								21				
	11								22				
	12								23				
	13								24				

最大貯水量　25
最大放流量　26

一定量放流方式
　一定量放流量　27　　0 0 6 0
　最大貯水量　　28　　0 0 7 0 0 0 0 0
　出水期間　始め月　29　　0 6
　　　　　　始め日　30　　0 1
　　　　　　終り月　31　　1 0
　　　　　　終り日　32　　3 1

一定開度方式
　貯溜量曲線　自然調節方式の部分に記入する
　開始放流量　33
　最大放流量　34
　出水期間　始め月　35
　　　　　　始め日　36
　　　　　　終り月　37
　　　　　　終り日　38

一定率調節方式
　一定量流量　39
　一定率　　　40　　　　　　　　　　　少数点位置固定、空白部零文字挿入
　最大貯水量　41
　出水期間　始め月　42
　　　　　　始め日　43
　　　　　　終り月　44
　　　　　　終り日　45　　　　　データ終わり記号　46　X X X X

表 − 1 2　帳票 D　利水（用水）ダム諸元

右詰め、空白に零文字挿入。貯水量と高水流量は、下1桁四捨五入

項目	番号	値
ダムの番号	01	⓪①
第1位目的	02	⓪⑤　1＝農業用水、2＝水道用水、3＝工業用水、4＝発電、5＝不特定用水
高水流量(m³/s)	03	⓪⑥⓪
年間分割数（最大4）	04	⓪①
分割期間　始め月	05	⓪①
始め日	06	⓪①
最大貯水量(×1000m³)	07	⓪⑨⓪⓪⓪
責任放流量(m³/s)	08	⓪⓪⑥⓪⓪ ↑小数点　位置固定、空白部零文字挿入

09		13		17	
10		14		18	
11		15		19	
12		16		20	

第2位目的	21
高水流量	22
年間分割数（最大4）	23
分割期間　始め月	24
始め日	25
最大貯水量	26
責任放流量	27

28	32	36
29	33	37
30	34	38
31	35	39

第3位目的	40
高水流量	41
年間分割数（最大4）	42
分割期間　始め月	43
始め日	44
最大貯水量	45
責任放流量	46

47	51	55
48	52	56
49	53	57
50	54	58

第4位目的	59
高水流量	60
年間分割数（最大4）	61
分割期間　始め月	62
始め日	63
最大貯水量	64
責任放流量	65

66	70	74
67	71	75
68	72	76
69	73	77

第5位目的	78
高水流量	79
年間分割数（最大4）	80
分割期間　始め月	81
始め日	82
最大貯水量	83
責任放流量	84

85	89	93
86	90	94
87	91	95
88	92	96

データ終わり記号　97　Ⅹ Ⅹ Ⅹ Ⅹ

表−13　帳票Ⅰ　水文観測所

観測所名欄は、左詰か、アルファベットの大文字と表記文字を使用。空白部を"%"で埋める。
種別は、雨量=01、気温=02、減量=03。観測番号と位置(度・分)は、右詰め、空白に零文字使用。減量の位置は、減量を、不要。

種別	番号	名前	実測正度距	度 分 秒	条件 1 2 3 4 5 6	雨量計
01 02 01	0 0 1	03	T E R A U C H I = D A M % % % % % % % % % % % % %	04	1 3 0 4 3 9 3 2 5 2 8	05	1 1 0 0 0 0 1 4 0
01 02 01	0 0 2	03	H A S H I D A T E % % % % % % % % % % % % % % % %	04	1 3 0 4 7 3 5 3 2 7 1 8	05	1 1 0 1 0 0 5 3 0
01 02 01	0 0 3	03	O O S H I R O % % % % % % % % % % % % % % % % % %	04	1 3 0 4 7 5 1 3 2 5 0 6	05	1 1 0 1 0 1 0 4 5 8
01 02 02	0 0 4	03	A M A G I %	04	1 3 0 4 1 4 2 3 2 4 1 8	05	1 1 0 0 0 0 0 3 6
01 02 03	0 0 1	03	T E R A U C H I = D A M = I N % % % % % % % % % %	04	1 3 0 4 1 4 2 3 2 4 1 8	05									
01 02		03		04		05	
01 02		03		04		05	
01 02		03		04		05	
01 02		03		04		05	
01 02		03		04		05	
01 02		03		04		05	
01 02		03		04		05	
01 02		03		04		05	

手順 31　用水の取水に関する調査
　本計算では、用水の取水の存在を無視している。
手順 32　他水系流量に関する調査
　佐田川水系は隣の小石原川から寺内導水路により用水の補給が行われているが、本計算では、その存在を無視している。
手順 33　用水補給に関する調査
　本計算では、用水の補給の存在を無視している。
手順 34　発電余水吐に関する調査
　佐田川水系では、水力発電は行われていない。
手順 35　水文観測所に関する調査
　表-13参照。佐田川流域内の1982年（昭和57年）当時の水文観測所は、雨量観測所が4ヵ所（箸立・大城・寺内ダム貯水池管理所・旧甘木現朝倉）、気温観測所が2ヵ所（旧甘木現朝倉と寺内ダム貯水池管理所）、流量観測所が1ヵ所（寺内ダム貯水池）である。

　各観測所の位置は、図-10（61頁）の流域分割図に示されている。

　雨量観測所の雨量計設置環境の判定は、観測所全景写真を入手して行った。表-14はその結果である。表中の○印は該当、×印は非該当を示す。

表-14　雨量観測所設置環境

	箸立	大城	寺内ダム管理所	甘木	条件番号
有効な風よけ無し	○	○	○	○	1
風の陰に入っている	○	○	○	○	2
平らな屋根の上	×	×	×	×	3
専用観測所の屋根の上	○	○	×	×	4
直ぐ隣に太い柱あり	×	×	×	×	5
標高（m）	530	458	140	36	6

　流量観測は、寺内ダム貯水池の単位時間内の貯水量変化とダム放流量から時間平均ダム貯水池流入量を計算する方法で行われている。この方法で測定されたダム貯水池毎時間平均流入量の問題点は、貯水池水位の変化が小さくなればなるほど貯水増減量の測定精度が悪くなる、したがって計算された流入量の精度が悪くなることである。これは、計算開始時の流域出口の流量の設定に大きく影響している。

　2つある気温観測所の中でデータが公表されている朝倉（旧甘木）を代表観測所とする。4つある雨量観測所の内の2つは、気温観測所と同一敷地内にある。

　帳票Iで以上の水文観測所の諸元を示す。
手順 36　計算期間の設定
　表-15参照。計算期間を1982年（昭和57年）7月6日から8月6日までの1ヵ月間とする。以後、手順36～39に関しては、帳票Jで示す。

表-15　帳票J　計算期間と開始条件

計算番号	01	0 1	
計算年西暦	02	1 9 8 2	
計算起め月	03	0 7	
日	04	0 6	
終り月	05	0 8	
日	06	0 6	
計算量	07	0 0 0 5	
計算開始環境	08	1 8 0	

計算開始時ダム貯水量　農業用水　水道用水　工業用水　発電用水　不特定用水

ダム番号 9　10

11　12　13　14　09 0 0 0 0 0

15　16　17　18　19　20

21　22　23　24　25　26

27　28　29　30　31　32

33　34　35　36　37　38

39　40　41　42　43　44

45　46　47　48　49　50

51　52　53　54　55　56

57　58　59　60　61　62

63　64　65　66　67　68

69　70　71　72　73　74

75　76　77　78　79　80

データ終り記号　81　X X X X X X

手順 37　計算開始時の流域出口の流量の設定
　表-16 参照。7月6日の計算開始日前2週間は無降雨である。そしてこの無降雨による貯水池流入量の減少に規則性が認められない（原因は測定方式にある）ので、計算開始流量の決定が難しい。そこでこの計算では6月30日から7月5日までの1週間の日流入量の平均量である $0.43\,\mathrm{m^3/sec}$ を計算開始時の寺内ダム貯水池流入量としている。
　単純に、寺内ダムより上流にある分割でその中に少しでも山地がある分割の総面積の合計値（A）、同様に寺内ダムより下流にある分割でその中に少しでも山地がある分割の総面積の合計値（B）として、$(0.43 \div A) \times (A+B)$ の計算式で $0.50\,\mathrm{m^3/sec}$ の値を算出し、計算開始時の流域出口の流量とする。

手順 38　計算開始時の流域の乾燥度の設定
　表-16と表-17を用いて、計算開始時の流域乾燥度の計算を行う。表-16の雨量が、表-17の雨量になる。3月30日から4月9日までの11日間に112 mmの降雨があったので、4月9日は山林地の土層は湿りの不足量が零、すなわち乾燥度零（0 mm）の状態であったと仮定し、この日を基準日として、流域の乾燥度の計算を行う。
　表-8（50頁）の"Hamon式による月平均日可能蒸発散量"から佐田川流域の中心より一番近い地点として福岡を選び、4月から7月の月平均日可能蒸発散量の値［2.0 mm／4月、2.9 mm／5月、3.9 mm／6月、4.9 mm／7月］を得る。これは流域内各土地利用の平均値なので、山林地においては、晴天の日はこの値×2、雨天の日はこの値×1が山林土層からの当日の蒸発量と仮定する。当日の蒸発量に前日の乾燥度を加えた量が累加（乾燥）量になる。
　この累加量から晴天の日は零（0）、雨天の日は降雨量を差し引いた値を補正量とする。今、補正量の符号が正の場合は、補正量がそのまま乾燥度になる。符号が負の場合は、乾燥度を零（0）にする。
　このように逐次計算をしていった時の乾燥度の⑤の値が山林土層の乾燥度になる。
　表-17の計算では、4月7日に乾燥度が零になっているとして計算を開始、以後何度か乾燥度が零になり、最後の乾燥度零の日が4月21日で、それから乾燥度の値が増えていって、7月5日の計算大雨が始まる前日には最大の223mmに達する、という計算結果が得られた。
　ここで問題になるのは、雨量計で観測された雨量は見掛けの雨量であって、風の陰から出ている上空の雨量でない。両者の差がどれくらいあるかは、推定の域である。この差の割合を20％として、計算結果223mmを20％弱割り引いて得られた180 mmを計算開始日の7月6日の流域乾燥度と決める。

手順 39　計算開始時の利水用井戸貯水池の貯水状況の設定
　手順46の計算の実行において述べる。

手順 40　計算結果の表示地点の設定
　分割法における計算結果表示は、分割の出口・分割の合流点・ダムの後・利水の取水

表-16　朝倉気温（℃）と寺内ダム地点雨量（mm）と貯水池流入量（m³/s/d）

日	3月 温度	雨量	流入量	4月 温度	雨量	流入量	5月 温度	雨量	流入量	6月 温度	雨量	流入量	7月 温度	雨量	流入量
1	5.0	10	1.95	11.4	-	1.13	17.4	16	1.50	19.9	11	1.47	21.4	-	0.35
2	4.8	0	1.60	15.0	30	1.92	17.2	2	1.37	17.4	16	2.17	22.6	-	0.51
3	4.9	-	1.28	11.4	16	3.43	18.0	-	1.11	17.8	-	1.57	23.6	-	0.56
4	9.3	38	3.14	9.8	-	1.90	16.8	-	1.04	20.1	-	1.23	23.8	-	0.45
5	12.7	4	3.74	12.6	11	1.81	19.1	-	0.98	21.0	-	1.00	23.2	-	0.30
6	8.4	-	2.33	12.6	29	2.55	18.0	2	1.11	22.0	-	0.94	23.3	9	0.58
7	4.9	-	1.71	12.5	7	4.03	17.7	-	0.98	22.2	-	0.80	24.6	7	0.30
8	4.0	-	1.40	14.2	-	3.13	17.5	-	0.80	22.7	-	0.74	24.1	1	0.44
9	5.5	-	1.17	6.7	7	2.84	20.5	-	0.91	22.4	-	0.67	25.6	-	0.45
10	7.5	-	1.01	7.4	-	2.38	23.3	-	0.71	22.4	-	0.54	25.4	56	1.93
11	8.7	0	1.01	9.4	-	2.06	24.2	-	0.82	23.3	-	0.50	24.2	45	10.28
12	9.1	17	1.51	11.9	-	1.96	24.2	0	0.76	23.0	4	0.77	23.8	108	11.99
13	11.2	-	0.96	13.6	7	2.67	22.7	25	1.24	20.2	14	1.07	22.8	41	27.21
14	12.1	13	1.20	12.9	11	2.10	15.2	2	0.97	19.2	0	1.18	24.4	27	17.81
15	14.0	0	1.12	13.5	0	1.58	15.4	-	0.71	19.4	-	0.51	25.0	61	16.30
16	13.3	-	0.96	12.3	-	1.59	15.9	-	0.78	21.3	3	0.69	24.1	88	57.44
17	10.6	4	0.96	10.4	-	1.57	18.7	-	0.67	19.9	10	1.08	23.4	2	18.93
18	10.7	0	0.80	10.5	-	1.49	19.3	-	0.63	22.4	0	0.67	22.9	54	14.90
19	9.3	45	3.38	10.5	-	1.54	20.3	-	0.67	24.5	-	0.45	24.4	1	13.43
20	10.9	7	3.13	12.2	24	1.91	17.3	-	0.61	24.6	8	0.94	21.7	28	11.66
21	10.9	2	2.31	11.8	3	2.07	16.1	-	0.61	24.3	-	0.88	24.0	-	8.32
22	11.7	-	2.06	13.8	-	1.50	17.2	-	0.61	24.1	4	0.67	24.1	1	6.55
23	13.5	26	3.11	14.7	-	1.27	19.7	-	0.61	21.5	-	0.44	21.6	196	26.11
24	11.1	-	2.63	16.4	-	1.18	20.5	4	0.64	22.7	-	0.29	23.4	20	56.37
25	7.0	-	2.38	18.1	-	1.32	21.2	-	0.57	22.6	-	0.25	25.3	5	18.66
26	7.2	-	1.86	17.8	2	1.32	21.1	-	0.54	21.2	-	0.27	26.7	-	11.55
27	8.9	-	1.55	18.7	4	1.23	21.6	-	0.60	20.8	-	0.26	26.6	-	7.94
28	9.4	-	1.39	18.9	2	0.48	22.3	-	0.54	21.6	-	0.24	26.4	-	6.23
29	10.4	-	1.39	18.4	0	1.15	20.7	21	1.01	20.8	-	0.22	25.3	0	5.53
30	12.9	12	1.57	18.6	3	1.11	22.3	28	0.97	21.1	-	0.31	25.9	-	4.33
31	11.8	-	1.22				22.3	32	2.82				27.2	-	3.49
合計		178			156			132			70			750	
平均	9.4		1.80	13.3		1.87	19.5		0.90	21.5		0.76	24.2		11.64
平年	8.6	143	1.48	13.2	150	1.97	18.0	138	1.58	22.5	346	3.85	25.7	450	8.11

『気象庁気象情報過去』と『多目的ダム管理年報　第28回　昭和57年　建設省河川局監修』より抜粋

表-17 乾燥度計算表

日	4月 雨量①	蒸発量②	累加量③	乾燥度④→⑤	補正量④ ③−①	5月 雨量①	蒸発量②	累加量③	乾燥度④→⑤	補正量④ ③−①	6月 雨量①	蒸発量②	累加量③	乾燥度④→⑤	補正量④ ③−①	7月 雨量①	蒸発量②	累加量③	乾燥度④→⑤	補正量④ ③−①
1	0					16	5.8	22.8	6.8	6.8	11	3.9	45.5	34.5	34.5	0	9.8	184.2	184.2	184.2
2	30					2	2.9	9.7	7.7	7.7	16	3.9	38.4	22.4	22.4	0	9.8	194.0	194.0	194.0
3	16					0	5.8	13.5	13.5	13.5	0	7.8	30.2	30.2	30.2	0	9.8	203.8	203.8	203.8
4	0					0	5.8	19.3	19.3	19.3	0	7.8	38.0	38.0	38.0	0	9.8	213.6	213.6	213.6
5	11					0	5.8	25.1	25.1	25.1	0	7.8	45.8	45.8	45.8	0	9.8	223.4	223.4	223.4
6	29					2	2.9	28.0	26.0	26.0	0	7.8	53.6	53.6	53.6	9				
7	7					0	5.8	31.8	31.8	31.8	0	7.8	61.4	61.4	61.4	7				
8	0	4	4	4	4	0	5.8	37.6	37.6	37.6	0	7.8	69.2	69.2	69.2	1				
9	7	2	6	0	−1	0	5.8	43.4	43.4	43.4	0	7.8	77.0	77.0	77.0	0				
10	0	4	4	4	4	0	5.8	49.2	49.2	49.2	0	7.8	84.8	84.8	84.8	56				
11	0	4	8	8	8	0	5.8	55.0	55.0	55.0	0	7.8	92.6	92.6	92.6	45				
12	0	4	12	12	12	0	5.8	60.8	60.8	60.8	4	3.9	96.5	92.5	92.5	108				
13	7	2	14	7	7	25	2.9	63.7	38.7	38.7	14	3.9	96.4	82.4	92.4	41				
14	11	2	9	0	−2	2	2.9	41.6	39.6	39.6	0	7.8	90.2	90.2	90.2	27				
15	0	4	4	4	4	0	5.8	45.4	45.4	45.4	0	7.8	98.0	98.0	98.0	61				
16	0	4	8	8	8	0	5.8	51.2	51.2	51.2	3	3.9	101.9	98.9	98.9	88				
17	0	4	12	12	12	0	5.8	57.0	57.0	57.0	10	3.9	102.8	92.8	92.8	2				
18	0	4	16	16	16	0	5.8	62.8	62.8	62.8	0	7.8	100.6	100.6	100.6	54				
19	0	4	20	20	20	0	5.8	68.6	68.6	68.6	0	7.8	108.4	108.4	108.4	1				
20	24	2	22	0	−2	0	5.8	74.4	74.4	74.4	8	3.9	112.3	104.3	104.3	28				
21	3	2	2	0	−1	0	5.8	80.2	80.2	80.2	0	7.8	112.1	112.1	112.1	0				
22	0	4	4	4	4	0	5.8	86.0	86.0	86.0	4	3.9	116.0	112.0	112.0	1				
23	0	4	8	8	8	0	5.8	91.8	91.8	91.8	0	7.8	119.8	119.8	119.8	196				
24	0	4	12	12	12	4	2.9	94.7	90.7	90.7	0	7.8	127.6	127.6	127.6	20				
25	0	4	16	16	16	0	5.8	96.5	96.5	96.5	0	7.8	135.4	135.4	135.4	5				
26	2	2	18	16	16	0	5.8	102.3	102.3	102.3	0	7.8	143.2	143.2	143.2	0				
27	4	2	18	14	14	0	5.8	108.1	108.1	108.1	0	7.8	151.0	151.0	151.0	0				
28	2	2	16	14	14	0	5.8	113.9	113.9	113.9	0	7.8	158.8	158.5	158.8	0				
29	0	4	18	18	18	21	2.9	116.8	95.8	95.8	0	7.8	166.6	166.6	166.6	0				
30	3	2	17	17	17	28	2.9	98.7	70.7	70.7	0	7.8	174.4	174.4	174.4	0				
31						32	2.9	73.6	41.6	41.6										

第Ⅰ部 分割法 第3章 計算の手続きの全容

放水点の後、等と水系構成図上の全ての場所で行うことが可能である。制限は、計算機の使用可能なメモリーの量で決まる。

表-18 参照。計算結果表示地点を一応次の地点とし、帳票 K に登録する。

分割 70 の出口　　　　　　　　寺内ダム湖流入量
分割 73 と 88 の合流点　　　　　庄屋村川合流点
分割 98 と 105 の合流点　　　　　金剛寺川合流点
分割 127 の出口　　　　　　　　佐田川本川合流

なお、金剛寺川という川の名前は、無い。ただ"川"とだけ呼ばれているので、便宜上付けたものである。

手順 41　時間雨量データの蒐集

表-19 参照。時間雨量を帳票 L に登録する。

手順 42　時間流量データの蒐集

表-20 参照。時間流量は、寺内ダム貯水池への毎時間平均流入量の形で観測されている。時間流量の種別を平均時間流量として帳票 M に登録する。

手順 43　日気温データの蒐集

表-21 参照。代表気温観測所は、流域内平地部の朝倉市（旧甘木市）の中心市街地の中に有る。日気温を帳票 N に登録する。

手順 44　計算機と計算ソフトの準備

この計算においては、ヒューレットパッカード社製のワークステーション Z620／CT（OS 無しモデル、メモリー数 64GB）と沖電気製 CEREFIDO C531dm ポストスクリプトプリンターを用いている。

計算結果の表示は、ディスプレイ上で行い、必要に応じてプリンターにダンプする。このために、プリンターは、ポストスクリプトプリンターである必要がある。公開されているプログラムでは、次のコマンドを用いてプリンターにダンプしている。

system（"xwd -root | xwd2ps | lp -oraw"）

OS は、無償の CentOS Linux を用いている。色々の種類がある無償の Linux OS の選択に際しては、env コマンドを用いて環境変数を一覧表示し、その中に "DISPLAY" という項目が有るものであれば、どれでもよい。

Linux 計算機とポストスクリプトプリンターとの接続については下記 URL を参照。

http://www.okidata.co.jp/solution/unix/4_install.html

表 - 1 8　帳票 K　計算結果表示地点

表示地点数は、最大100
名前は、左詰め、アルファベットの大文字と数字ならびに "_" の代わりの "=" のみ使用
名前は、必ず登録されたもの。間違えると、計算結果の表示を行わなくなる

計算結果表示地点	表示番号	01	`01` 以下、数字は、右詰めで空白部零文字挿入
上流端の分割の後	分割の番号	02	
中間の分割の後	分割の番号	03	
湖の分割の後	分割の番号	04	`0070`
湖に流入する分割の後	分割の番号	05	
湖の岸の分割の後	分割の番号	06	
内水になる上流端の分割の後	分割の番号	07	
内水になる中間の分割の後	分割の番号	08	
排水機を持った上流端の分割の後	分割の番号	09	
排水機を持った中間の分割の後	分割の番号	10	
合流点の後	合流関係の並び	11	
ダムの後	ダムの番号	12	
取水の後	農業用水の番号	13	
	水道用水の番号	14	
	工業用水の番号	15	
	発電の番号	16	
	注水の番号	17	
放流の後	発電の番号	18	
	発電余水の番号	19	
	注水の番号	20	
	他水系還原の番号	21	
用水の補給の後	農業用水補給の番号	22	
	水道用水補給の番号	23	
	工業用水補給の番号	24	
	発電用水補給の番号	25	
	不特定用水補給の番号	26	
分派の後	分派の名前	27	
分派の後	分派後の最初の分割番号	28	空白部に "%" を記入
実測流量に置換の後	ダムの番号	29	

計算結果表示地点に実測流量有りの場合

| | 帳票Ｋ上のファイルの名前 | 30 | `TERAUCHI=DAM=IN%%%%%%%` 空白部に "%" を記入 |

計算結果表示地点に名前を付ける場合

| | 任意の名前 | 31 | `TERAUCHI=DAM=KO=IN%%%%%` 空白部に "%" を記入 |
| データ終わり記号 | | 32 | `XXXXXXX` 英大文字Xの並び |

表－19　帳票 L　時間雨量データ

観測所番号 01 | 0 | 1 |
西暦年 02 | 1 | 9 | 8 | 2 |
月番号 03 | 0 | 7 |
葉尾番号 04 | 0 | 2 |

記入は, 右詰め。空白部は文字(0)挿入
ブロックの右側の太線は, 小数点の位置を示す
例えば, 青0が15番目に連続した場合は, 9915と登録する。データが無い場合は, 空白放置
1=1〜8日, 2=9〜16日, 3=17〜24日, 4=25〜31日

データ終わり記号 05　X X X X X

表－20　帳票M　時間流量データ

表 − 2 1　　帳票 N　　気温データ

数字は、右詰め、空白部零文字挿入。

観測所番号	01	0 1
西暦年	02	1 9 8 2
月	03	0 7

日		日平均気温		日		日平均気温
1	04	2 1 4		16	19	2 4 1
2	05	2 2 6		17	20	2 3 4
3	06	2 3 6		18	21	2 2 9
4	07	2 3 8		19	22	2 4 4
5	08	2 3 2		20	23	2 1 7
6	09	2 3 3		21	24	2 4 0
7	10	2 4 6		22	25	2 4 1
8	11	2 4 1		23	26	2 1 6
9	12	2 5 6		24	27	2 3 4
10	13	2 5 4		25	28	2 5 3
11	14	2 4 2		26	29	2 6 7
12	15	2 3 8		27	30	2 6 6
13	16	2 2 8		28	31	2 6 4
14	17	2 4 4		29	32	2 5 3
15	18	2 5 0		30	33	2 5 9
		↑小数点		31	34	2 7 2
						↑小数点

データ終り記号　35　X X X X X

　モデルの係数の値を変えたい場合は、計算ソフトの［準備］（p_junbi.c）の関数 keisuu_settei（ ）において、該当項目の double quotation mark（" "）で囲まれた数値を vi エディタを用いて書き替えればよい。計算ソフトの準備において計算者が行わなければならないのは、このことだけである。

手順 45　帳票データの計算機入力
　手順 1 から 43 までの作業を行って以下の帳票集を得て、計算機入力を行う。

帳票 A　地形図（1 枚）
帳票 B　分割（127 枚）
帳票 C　治水ダム諸元（1 枚）
帳票 D　利水（用水）ダム諸元（1 枚）

帳票 I　水文観測所（1 枚）
帳票 J　計算期間と開始条件（2 枚）
帳票 K　計算結果表示地点（4 枚）
帳票 L　時間雨量データ（20 枚）
帳票 M　時間流量データ（5 枚）
帳票 N　日気温データ（2 枚）

帳票 A・C・D・I・K・L・M・N については帳票は既に示されている。しかし、帳票 B に関しては未だしであるので、ここでまとめて示している。ただし、数が多く、全帳票を示すことが出来ないので、ここでは次の各代表例について示すことにする。

1　最上流端の分割　　　　　　　　　　　　表-22-1
2　上流端の分割の例　　　　　　　　　　　 -22-2
3　湖の岸の分割の例　　　　　　　　　　　 -22-3
4　中間の分割　合流の最初の分割の例　　　 -22-4（a）
　　〃　　　　出口に段差のある分割の例　　 -22-4（b）
　　〃　　　　川の部分だけの分割の例　　　 -22-4（b）に含まれる
5　湖に流入する中間の分割の例　　　　　　 -22-5
6　内水になる中間の分割の例　　　　　　　 -22-6
7　湖の分割の例　　　　　　　　　　　　　 -22-7
8　面積が零（ダミー）の上流端の分割の例　 -22-8

帳票 A～N により作られたファイル AAA～NNN は、インターネット上で公開されているダウンロード用分割法総合ファイルの中で示されている。

手順 46　計算の実行

本完全な計算例においては、次の 2 ケースの計算を行っている。いずれの場合も、計算開始時の寺内ダム不特定貯水池は満杯（貯水量 900 万 m^2）とする。

1　寺内多目的ダム貯水池の治水方式を流入即放流方式とした場合
2　寺内多目的ダム貯水池の治水方式を一定量放流方式とした場合

1）モデルの係数の値

この計算に用いているモデルの係数の値は、本書の第 II 部の基礎モデルに記載された値、すなわち後で述べる係数の値の設定一般規則（第 6 章の特定流域独自のモデルの係数の値の設定規則を参照）のままである。

2）帳票集
　以上に述べた条件の元でE・F・G・Hを除くAからNの帳票集を作る。
3）計算の流れ
　ケース2について、プログラムの実行により自動生成される計算の流れを表-23（90・91頁）で示す。
4）計算結果
　図-14（92・93頁）は、マルチ・タンク・モデルに基づく分割法による佐田川水系の1982年7月6日～8月6日の1月間の流出計算結果である。ただし、表示は7月31日まで。

　計算ケースの1においては、寺内ダム湖流入量と筑後川合流量が図のaとbで示されている。図のaにおいては、実線は計算流量、点線は実測検証流量である。

　計算ケースの2においては、寺内ダム湖放流量と筑後川合流量が実線の図のcとdで示されている。

　また、1969年（昭和44年）測量の地形図を用いて、寺内ダム貯水池が未だ造られていない状態に地形を戻して行った計算結果が図のeで示されている。

　佐田川流域には、寺内ダム地点より上流に3ヵ所、それより下流に1ヵ所の計4ヵ所の雨量観測所がある。雨量計の配置密度は、流域全体で15.5 km^{2}に1点、ダム集水域で16.7 km^{2}に1点である。寺内ダム地点の51 km^{2}と言うような小さな集水域でダム管理用に雨量観測所が3ヵ所も設けられている例は、多分他に無いであろう。常識的に考えて、この観測網による流域雨量の観測精度は、配置密度だけで考えれば、±5％程度以内である。しかし、この雨量観測網の問題点は、雨量計の分布が偏っている、と言わざるを得ないことである。集水域を4分割して、その各中心点付近に雨量計が置かれていたならば、以上と少しく違った計算結果が得られるかもしれない。

表 − 22 − 1　　帳票B　最上流端の分割

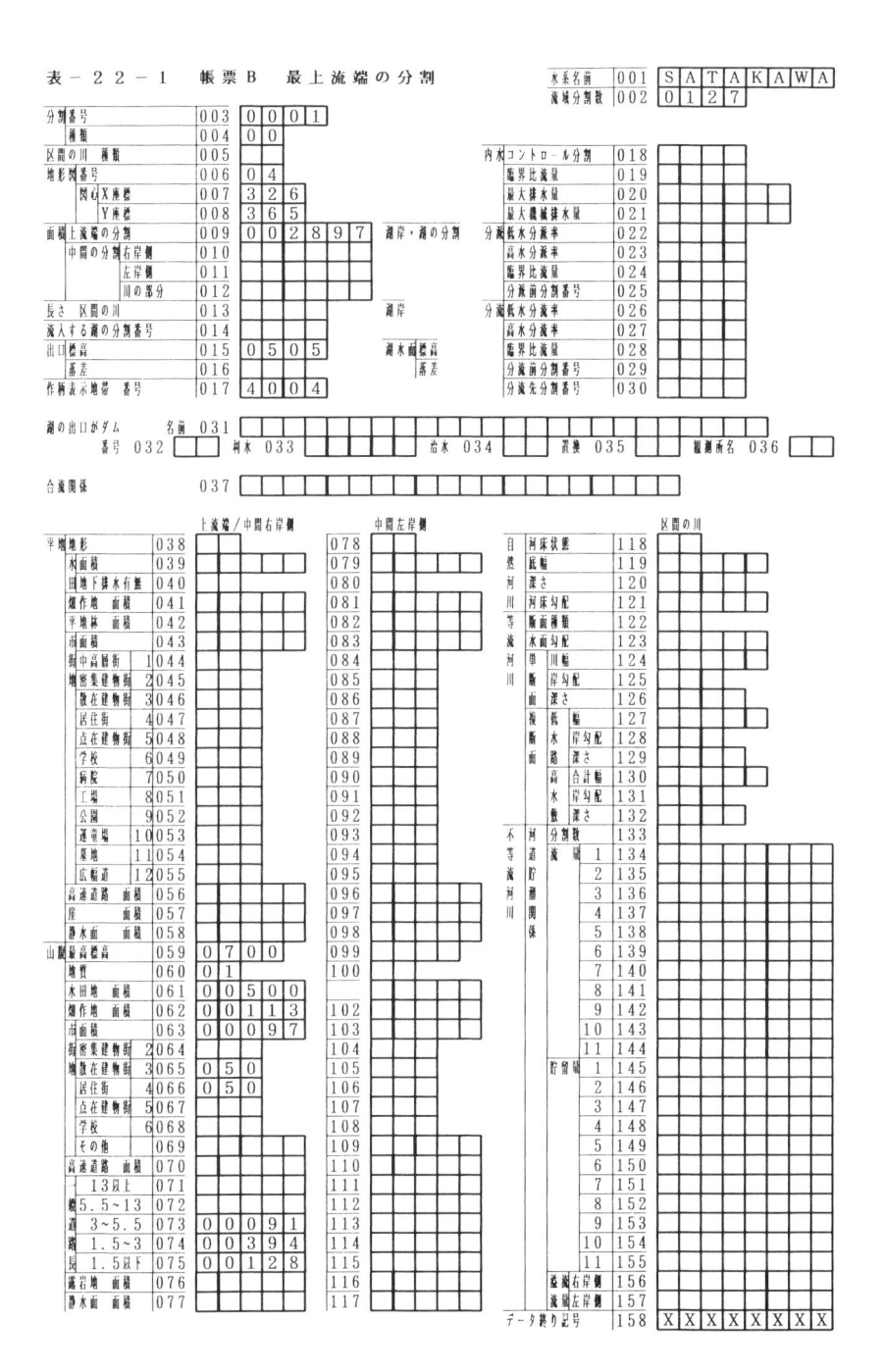

項目	番号	値
水系名前	001	S A T A K A W A
流域分割数	002	0 1 2 7
分割番号	003	0 0 0 1
種類	004	0 0
区間の川　種類	005	
地形関係番号	006	0 4
関口 X 座標	007	3 2 6
Y 座標	008	3 6 5
面積 上流端の分割	009	0 0 2 8 9 7
中間の分割 右岸側	010	
左岸側	011	
川の部分	012	
長さ　区間の川	013	
流入する湖の分割番号	014	
出口標高	015	0 5 0 5
落差	016	
作物表示地帯　番号	017	4 0 0 4
内水コントロール分割	018	
臨界比流量	019	
最大排水量	020	
最大機械排水量	021	
分流低水分流率	022	
高水分流率	023	
臨界比流量	024	
分流前分割番号	025	
分流低水分流率	026	
高水分流率	027	
臨界比流量	028	
分流前分割番号	029	
分流先分割番号	030	

湖の出口がダム　名前 031 _____
番号 032 ____　利水 033 ____　治水 034 ____　買換 035 ____　観測所名 036 ____

合流関係　　　037 _____

		上流端/中間右岸側			中間左岸側			区間の川	
平地地形	038			078		目 河床状態	118	
火面積	039			079		然 底幅	119	
田地下排水有無	040			080		河 深さ	120	
畑地 面積	041			081		川 河床勾配	121	
平地林 面積	042			082		等 断面種類	122	
市街	043			083		流 水面勾配	123	
斜中高層街 1	044			084		河 単 川幅	124	
地密集建物制 2	045			085		川 断 岸勾配	125	
散在建物制 3	046			086		面 深さ	126	
居住街 4	047			087		複 底幅	127	
立在建物制 5	048			088		断 水岸勾配	128	
学校 6	049			089		面 深さ	129	
病院 7	050			090		高 合計値	130	
工場 8	051			091		水勾配	131	
公園 9	052			092		底 深さ	132	
運動場 10	053			093		不 分割数	133	
墓地 11	054			094		等 河 流域 1	134	
広幅道 12	055			095		流 道 貯 2	135	
高速道路 面積	056			096		河 路 留 3	136	
崖 面積	057			097		川 関 4	137	
静水面 面積	058			098		係 5	138	
山間最高標高	059	0 7 0 0		099		6	139	
地質	060	0 1		100		7	140	
水田 面積	061	0 0 5 0 0		101		8	141	
畑作地 面積	062	0 0 1 1 3		102		9	142	
林面積	063	0 0 0 9 7		103		10	143	
斜密集建物制 2	064			104		11	144	
地散在建物制 3	065	0 5 0		105		貯留場 1	145	
居住街 4	066	0 5 0		106		2	146	
立在建物制 5	067			107		3	147	
学校 6	068			108		4	148	
その他	069			109		5	149	
高速道路 面積	070			110		6	150	
13以上	071			111		7	151	
傾 5.5〜13	072			112		8	152	
斜 3〜5.5	073	0 0 0 9 1		113		9	153	
度 1.5〜3	074	0 0 3 9 4		114		10	154	
1.5以下	075	0 0 1 2 8		115		11	155	
崖地 面積	076			116		流端右岸側	156	
静水面 面積	077			117		流端左岸側	157	
						データ終り記号	158	X X X X X X X

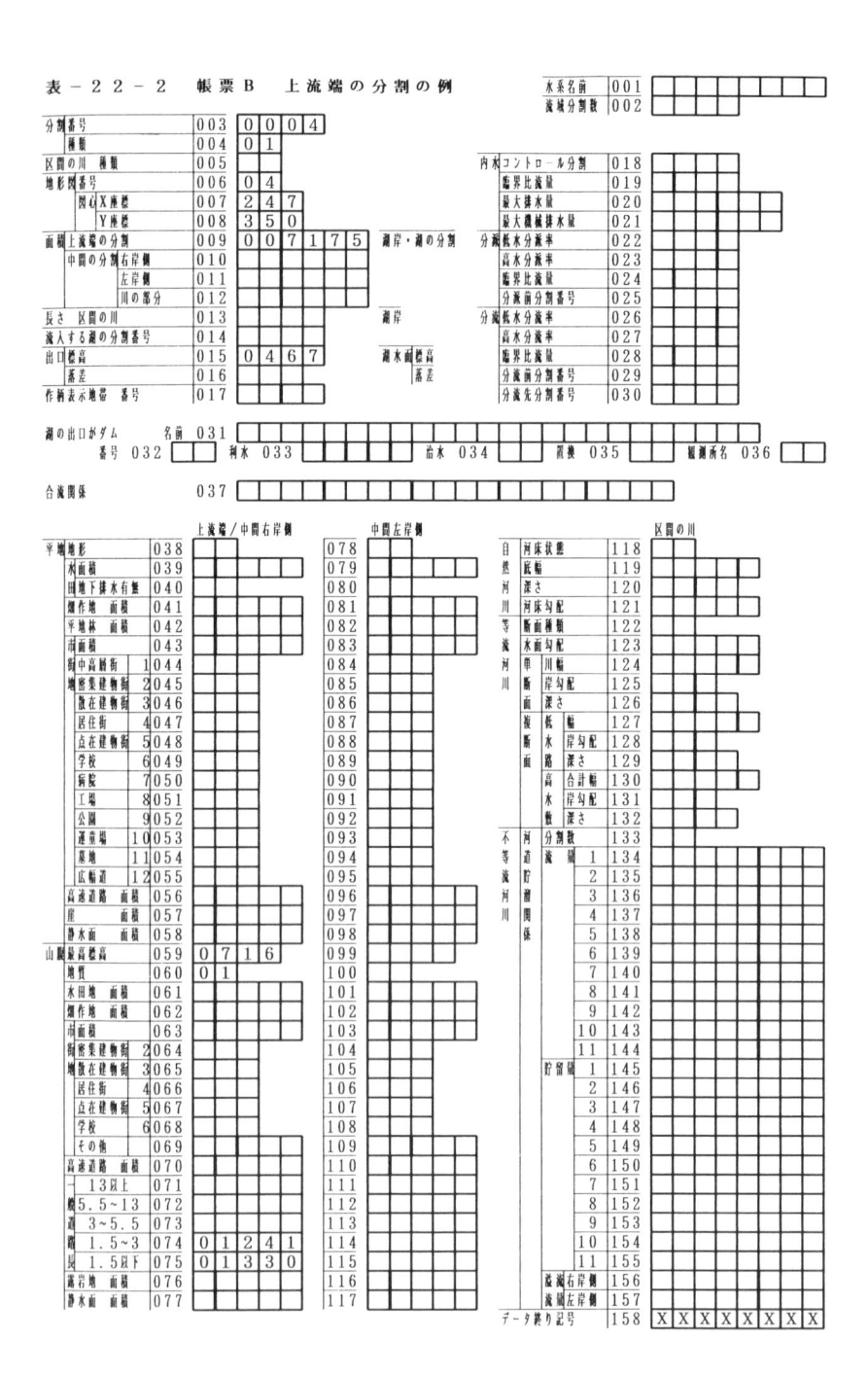

表-22-2　帳票B　上流端の分割の例

項目	番号	値
分割番号	003	0 0 0 4
種類	004	0 1
区間の川 種類	005	
地形図番号	006	0 4
図名X座標	007	2 4 7
Y座標	008	3 5 0
面積 上流端の分割	009	0 0 7 1 7 5
中間の分割右岸側	010	
左岸側	011	
川の部分	012	
長さ 区間の川	013	
流入する湖の分割番号	014	
出口標高	015	0 4 6 7
落差	016	
作例表示地形 番号	017	

項目	番号	値
水系名前	001	
流域分割数	002	
内水コントロール分割	018	
臨界比流量	019	
最大排水量	020	
最大機械排水量	021	
湖岸・湖の分割 分流抵水分流率	022	
高水分流率	023	
臨界比流量	024	
分流前分割番号	025	
湖岸 分流抵水分流率	026	
高水分流率	027	
湖水面標高 臨界比流量	028	
落差 分流前分割番号	029	
分流先分割番号	030	

湖の出口がダム　名前 031
番号 032　　利水 033　　治水 034　　其機 035　　観測所名 036

合流関係　　037

		上流端/中間右岸側		中間左岸側				区間の川	
平地地形	038			078		目 河床状態	118		
水面積	039			079		然 区幅	119		
田地下湛水有無	040			080		河 深さ	120		
畑作地 面積	041			081		川 河床勾配	121		
平地林 面積	042			082		等 断面種類	122		
前面積	043			083		流 水面勾配	123		
稠中高層街 1	044			084		河 川幅	124		
地密度建物街 2	045			085		川 断 岸勾配	125		
散在建物街 3	046			086		面 深さ	126		
居住街 4	047			087		複 低 幅	127		
立在建物街 5	048			088		断 水 岸勾配	128		
学校 6	049			089		面 路 深さ	129		
病院 7	050			090		高 合計幅	130		
工場 8	051			091		水 岸勾配	131		
公園 9	052			092		敷 深さ	132		
運動場 10	053			093		不 河 分割数	133		
墓地 11	054			094		等 道 1	134		
広幅道 12	055			095		流 貯 2	135		
高速道路 面積	056			096		河 湖 3	136		
崖	057			097		川 関 4	137		
静水面 面積	058			098		係 5	138		
山麓最高標高	059	0 7 1 6		099		6	139		
地質	060	0 1		100		7	140		
水田地 面積	061			101		8	141		
畑作地 面積	062			102		9	142		
前面積	063			103		10	143		
稠密集建物街 1				104		11	144		
稠中層建物街 2	064					貯留幅 1	145		
地密度建物街 3	065			105		2	146		
居住街 4	066			106		3	147		
立在建物街 5	067			107		4	148		
学校 6	068			108		5	149		
その他	069			109		6	150		
高速道路 面積	070			110		7	151		
— 13以上	071			111		8	152		
道 5.5~13	072			112		9	153		
3~5.5	073			113		10	154		
路 1.5~3	074	0 1 2 4 1		114		11	155		
幅 1.5以下	075	0 1 3 3 0		115		湛減右岸側	156		
岩地 面積	076			116		湛減左岸側	157		
静水面 面積	077			117		データ終り記号	158	X X X X X X

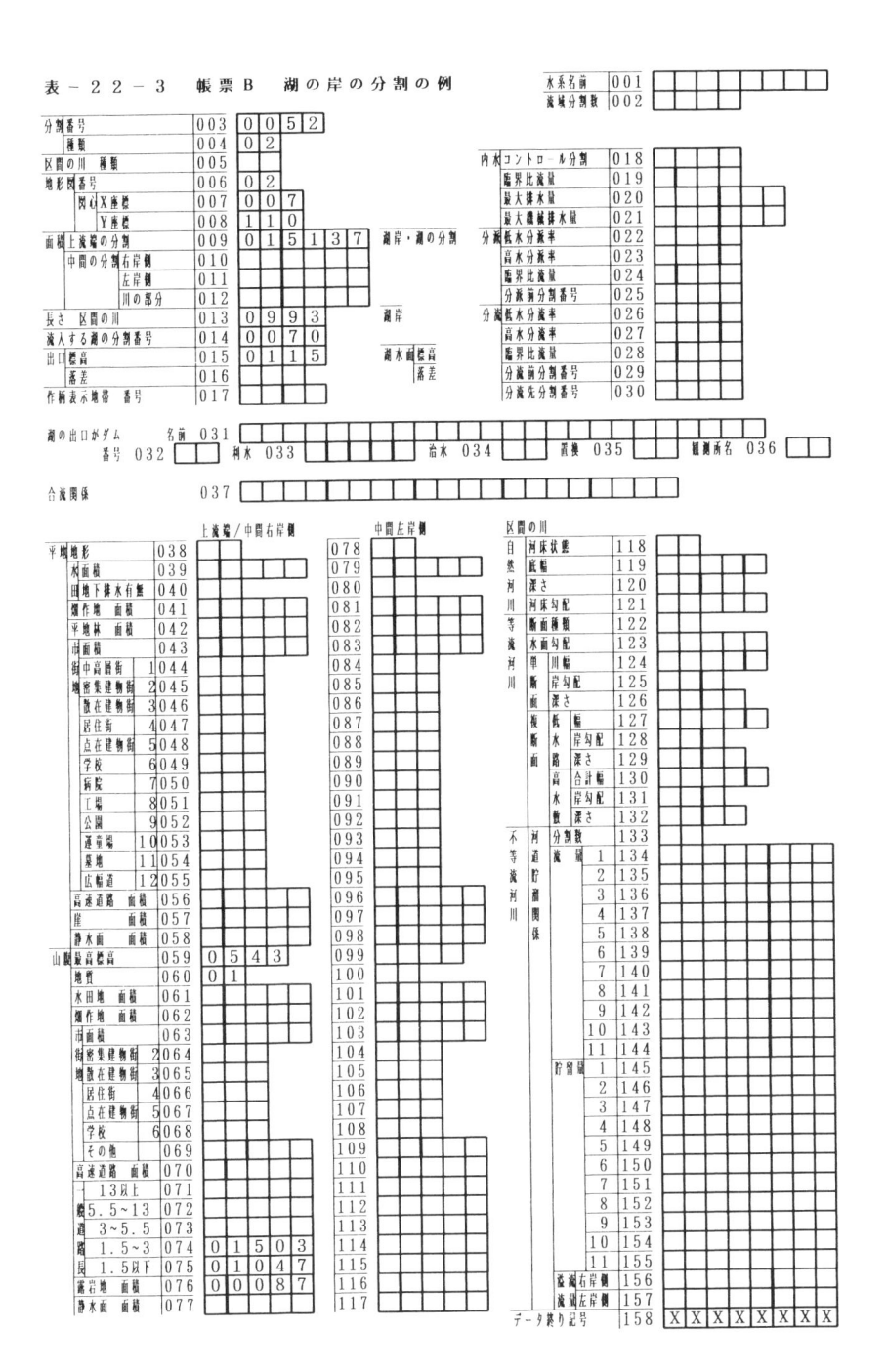

表－２２－３　帳票Ｂ　湖の岸の分割の例

項目	コード	記入
水系名前	001	
流域分割数	002	

項目			コード	記入	備考
分割	番号		003	0052	
	種類		004	02	
区間の川　種類			005		
地形図	番号		006	02	
	図心	X座標	007	007	
		Y座標	008	110	
面積	上流端の分割		009	015137	湖岸・湖の分割
	中間の分割	右岸側	010		
		左岸側	011		
		川の部分	012		
長さ　区間の川			013	0993	湖岸
流入する湖の分割番号			014	0070	
出口	標高		015	0115	湖水面　標高
	落差		016		落差
作柄表示地帯　番号			017		

項目		コード	記入
内水	コントロール分割	018	
	臨界比流量	019	
	最大排水量	020	
	最大機械排水量	021	
分派	低水分派率	022	
	高水分派率	023	
	臨界比流量	024	
	分派前分割番号	025	
分流	低水分流率	026	
	高水分流率	027	
	臨界比流量	028	
	分流前分割番号	029	
	分流先分割番号	030	

湖の出口がダム　名前　031

番号　032　　利水　033　　治水　034　　置換　035　　観測所名　036

合流関係　037

項目			番号	上流端／中間右岸側	記入	中間左岸側	記入
平地	地形			038		078	
	水田	面積		039		079	
		地下排水有無		040		080	
	畑作地　面積			041		081	
	平地林　面積			042		082	
	市街地	面積		043		083	
		中高層街	1	044		084	
		密集建物街	2	045		085	
		散在建物街	3	046		086	
		居住街	4	047		087	
		点在建物街	5	048		088	
		学校	6	049		089	
		病院	7	050		090	
		工場	8	051		091	
		公園	9	052		092	
		運動場	10	053		093	
		墓地	11	054		094	
		広幅道	12	055		095	
	高速道路　面積			056		096	
	崖　面積			057		097	
	静水面　面積			058		098	
山腹	最高標高			059	0543	099	
	地質			060	01	100	
	水田地　面積			061		101	
	畑作地　面積			062		102	
	市街地	面積		063		103	
		密集建物街	2	064		104	
		散在建物街	3	065		105	
		居住街	4	066		106	
		点在建物街	5	067		107	
		学校	6	068		108	
		その他		069		109	
	高速道路　面積			070		110	
	一般道路長	13以上		071		111	
		5.5～13		072		112	
		3～5.5		073		113	
		1.5～3		074	01503	114	
		1.5以下		075	01047	115	
	露岩地　面積			076	00087	116	
	静水面　面積			077		117	

区間の川

項目				番号	コード	記入
自然河川	河床状態				118	
	底幅				119	
	深さ				120	
	河床勾配				121	
等流河川	断面種類				122	
	水面勾配				123	
	単断面	川幅			124	
		岸勾配			125	
		深さ			126	
	複断面	低水路	幅		127	
			岸勾配		128	
			深さ		129	
		高水敷	合計幅		130	
			岸勾配		131	
			深さ		132	
不等流河川	河道貯溜関係	分割数			133	
		流量		1	134	
				2	135	
				3	136	
				4	137	
				5	138	
				6	139	
				7	140	
				8	141	
				9	142	
				10	143	
				11	144	
		貯留量		1	145	
				2	146	
				3	147	
				4	148	
				5	149	
				6	150	
				7	151	
				8	152	
				9	153	
				10	154	
				11	155	
		溢流流量	右岸側		156	
			左岸側		157	
データ終り記号					158	XXXXXXXX

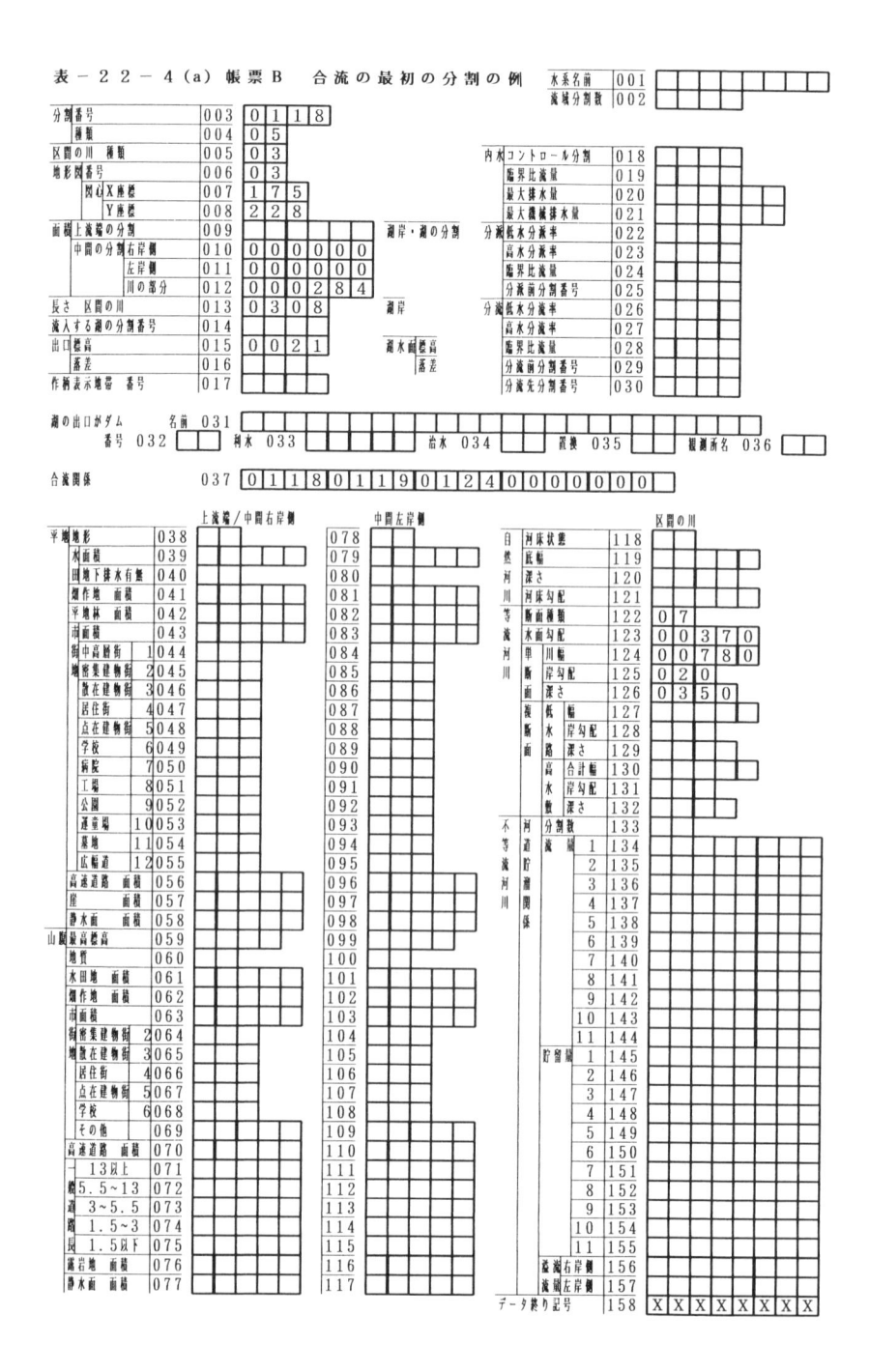

表－２２－４(a) 帳票Ｂ　合流の最初の分割の例

項目	番号	値
分割番号	003	0 1 1 8
種類	004	0 5
区間の川 種類	005	0 3
地形図番号	006	0 3
図心 X座標	007	1 7 5
Y座標	008	2 2 8
面積 上流端の分割	009	
中間の分割 右岸側	010	0 0 0 0 0 0
左岸側	011	0 0 0 0 0 0
川の部分	012	0 0 0 2 8 4
長さ 区間の川	013	0 3 0 8
流入する湖の分割番号	014	
出口標高	015	0 0 2 1
落差	016	
作表示地番 番号	017	

項目	番号	値
水系名前	001	
流域分割数	002	
内外コントロール分別	018	
臨界比流量	019	
最大排水量	020	
最大灌漑排水量	021	
分派低水分流率	022	
高水分流率	023	
臨界比流量	024	
分派前分割番号	025	
分派低水分流率	026	
高水分流率	027	
臨界比流量	028	
分派前分割番号	029	
分派先分割番号	030	

湖の出口がダム　名前 031　　　利水 033　　　治水 034　　　置換 035　　　観測所名 036

合流関係　　037　0 1 1 8　0 1 1 9　0 1 2 4　0 0 0 0 0 0 0 0

平野地形		
水面積	038	
地下排水有無	039	
畑作地 面積	040	
平地林 面積	041	
他面積	042	
街 面積	043	
中高総計 1	044	
密集建物街 2	045	
散在建物街 3	046	
居住街 4	047	
点在建物街 5	048	
学校 6	049	
病院 7	050	
工場 8	051	
公園 9	052	
運動場 10	053	
墓地 11	054	
広場道 12	055	
高速道路 面積	056	
崖 面積	057	
静水面 面積	058	
山間最高標高	059	
地質	060	
水田地 面積	061	
畑作地 面積	062	
他面積	063	
密集建物街 2	064	
散在建物街 3	065	
居住街 4	066	
点在建物街 5	067	
学校 6	068	
その他	069	
高速道路	070	
13以上	071	
傾 5.5~13	072	
斜 3~5.5	073	
度 1.5~3	074	
1.5以下	075	
露岩地 面積	076	
静水面 面積	077	

上流端/中間右岸側	
	078
	079
	080
	081
	082
	083
	084
	085
	086
	087
	088
	089
	090
	091
	092
	093
	094
	095
	096
	097
	098
	099
	100
	101
	102
	103
	104
	105
	106
	107
	108
	109
	110
	111
	112
	113
	114
	115
	116
	117

区間の川		
自然 河床状態	118	
底幅	119	
河 深さ	120	
川 河床勾配	121	
等 断面積	122	0 7
流 水面幅	123	0 0 0 3 7 0
河 単川幅	124	0 0 7 8 0
川 断 岸勾配	125	0 2 0
面 深さ	126	0 3 5 0
複 基幅	127	
断 岸勾配	128	
水 路深さ	129	
面 合計幅	130	
数 岸勾配	131	
水 深さ	132	
不 河 分割数	133	
等 道 1	134	
流 貯 2	135	
河 溜 3	136	
川 関 4	137	
係 5	138	
6	139	
7	140	
8	141	
9	142	
10	143	
11	144	
貯留関 1	145	
2	146	
3	147	
4	148	
5	149	
6	150	
7	151	
8	152	
9	153	
10	154	
11	155	
基流右岸側	156	
流関左岸側	157	
データ終り記号	158	X X X X X X

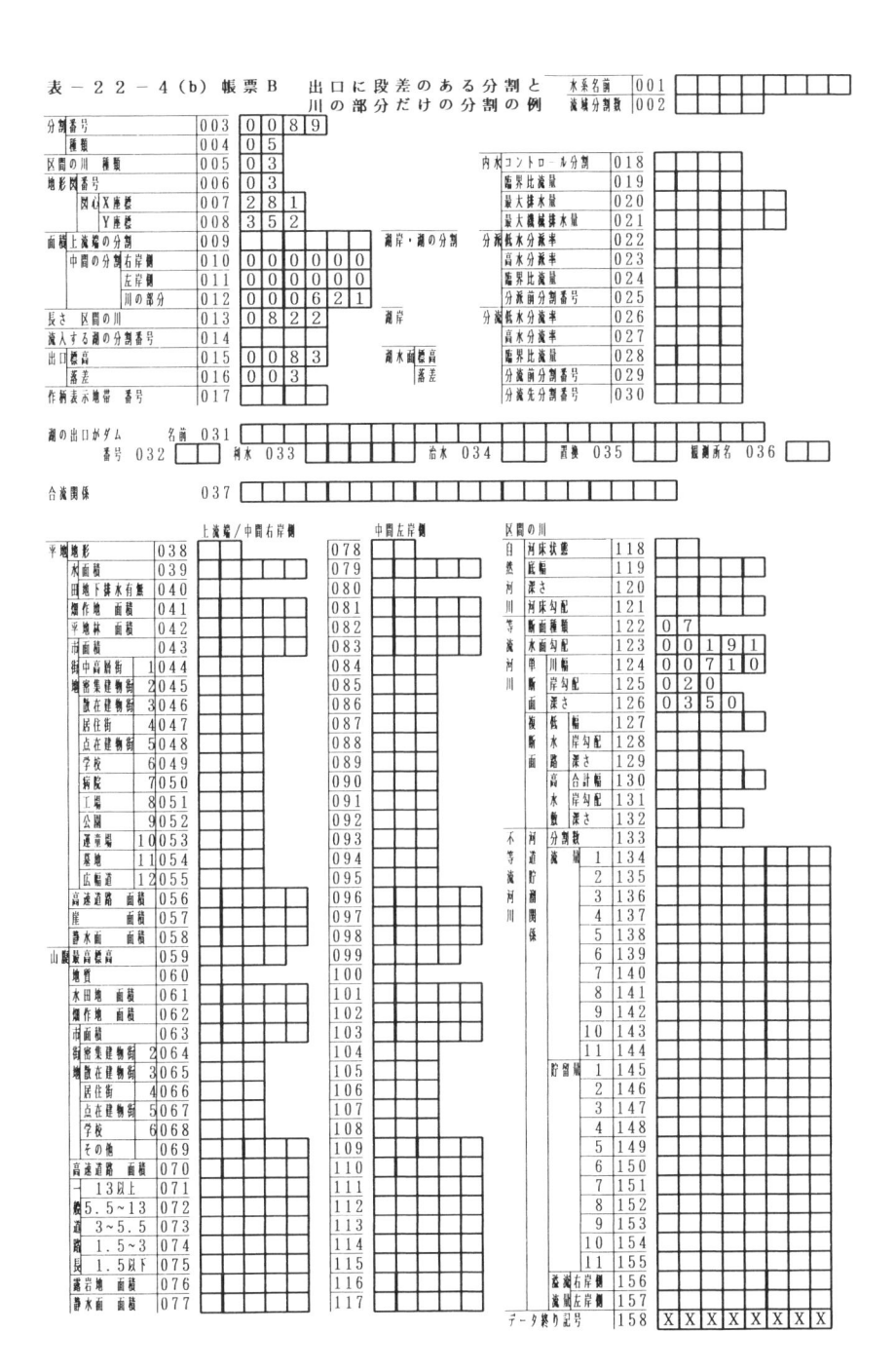

表-22-4(b) 帳票B　出口に段差のある分割と川の部分だけの分割の例

項目	番号	値
分割番号	003	0089
種類	004	05
区間の川 種類	005	03
地形関係番号	006	03
関心 X座標	007	281
Y座標	008	352
面積上流端の分割	009	
中間の分割右岸側	010	000000
左岸側	011	000000
川の部分	012	000621
長さ 区間の川	013	0822
流入する湖の分割番号	014	
出口標高	015	0083
落差	016	003
作表表示地帯 番号	017	

水系名前 001
流域分割数 002

項目	番号	値
内水コントロール分割	018	
臨界比流量	019	
最大農地排水量	020	
最大農地排水量	021	
分流低水分流率	022	
高水分流率	023	
臨界比流量	024	
分流前分割番号	025	
分流低水分流率	026	
高水分流率	027	
臨界比流量	028	
分流前分割番号	029	
分流先分割番号	030	

湖の出口がダム 名前 031
番号 032　利水 033　治水 034　習慣 035　観測所名 036
合流関係 037

上流端/中間右岸側　　中間左岸側　　区間の川

項目	番号	値
平地地形	038	
水田面積	039	
田地下排水有無	040	
畑地 面積	041	
平地林 面積	042	
市街 面積	043	
疎中高層街 1	044	
密集建物街 2	045	
疎在建物街 3	046	
居住街 4	047	
立在建物街 5	048	
学校 6	049	
病院 7	050	
工場 8	051	
公園 9	052	
運動場 10	053	
墓地 11	054	
広場道 12	055	
高速道路 面積	056	
崖 面積	057	
静水面 面積	058	
山地最高標高	059	
地質	060	
水田地 面積	061	
畑作地 面積	062	
市街	063	
密集建物街 2	064	
疎在建物街 3	065	
居住街 4	066	
立在建物街 5	067	
学校 6	068	
その他	069	
高速道路 面積	070	
13以上	071	
傾 5.5~13	072	
斜 3~5.5	073	
度 1.5~3	074	
別 1.5以下	075	
露岩面 面積	076	
静水面 面積	077	

番号	078〜117
078	
079	
080	
…	
117	

項目	番号	値
河床状態	118	
底幅	119	
河床深さ	120	
川 河床勾配	121	
等 断面種類	122	07
流 水面勾配	123	00191
河 川幅	124	00710
川 岸斜勾配	125	020
断 深さ	126	0350
複 低 幅	127	
断 水 岸勾配	128	
面 路 深さ	129	
高 合計幅	130	
水 岸勾配	131	
路 深さ	132	
不 河 分流数	133	
等 道 1	134	
流 貯 2	135	
河 湖 3	136	
川 関 4	137	
係 5	138	
6	139	
7	140	
8	141	
9	142	
10	143	
11	144	
貯留幅 1	145	
2	146	
3	147	
4	148	
5	149	
6	150	
7	151	
8	152	
9	153	
10	154	
11	155	
密流右岸側	156	
密流左岸側	157	
データ終り記号	158	XXXXXXX

第Ⅰ部　分割法　第3章　計算の手続きの全容

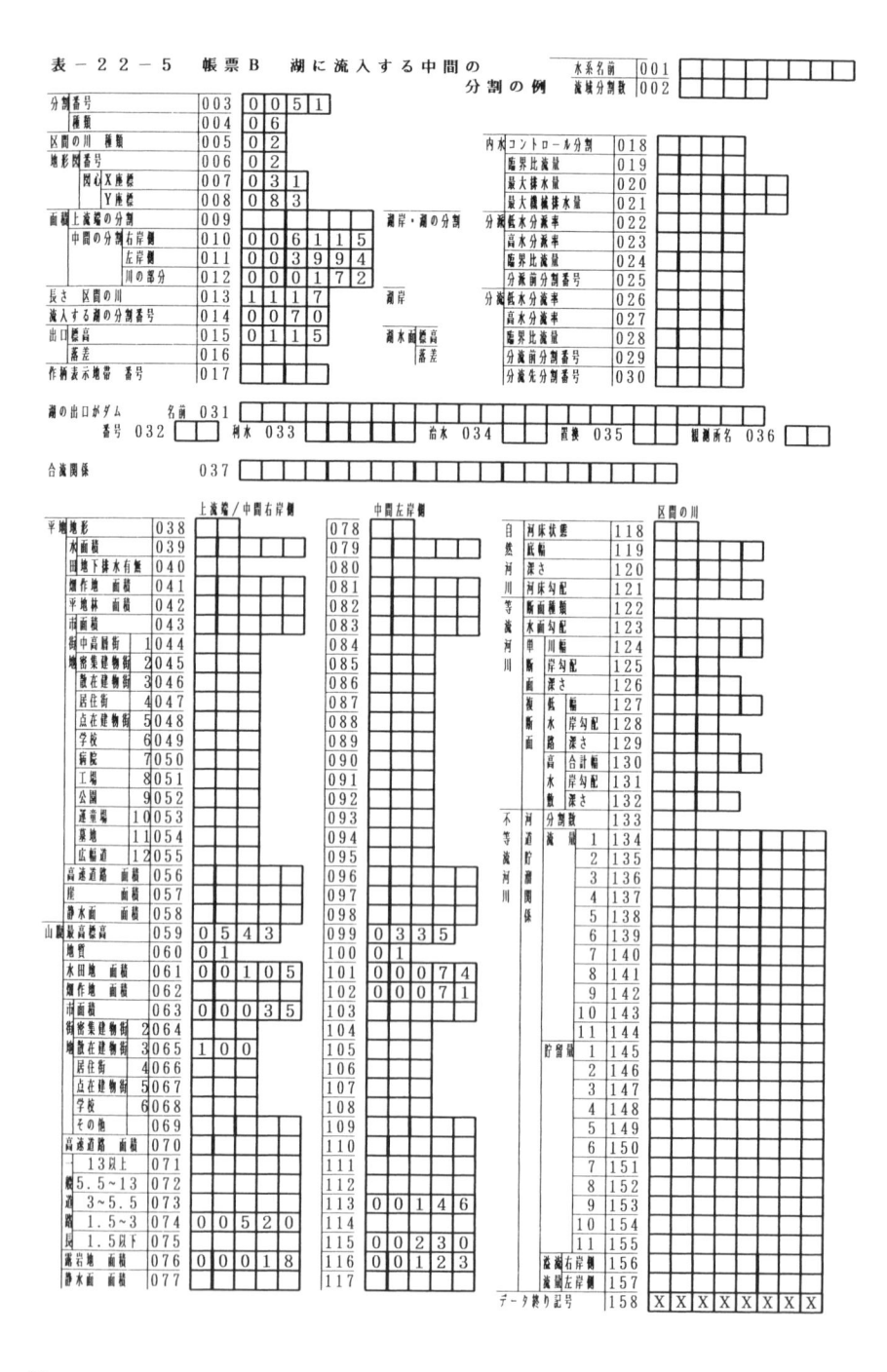

表－22－5　帳票B　湖に流入する中間の分割の例

項目	番号	データ
水系名前	001	
流域分割数	002	
分割番号	003	0 0 5 1
種類	004	0 6
区間の川　種類	005	0 2
地形図番号	006	0 2
図kX座標	007	0 3 1
Y座標	008	0 8 3
面積 上流端の分割	009	
中間の分割 右岸側	010	0 0 6 1 1 5
左岸側	011	0 0 3 9 9 4
川の部分	012	0 0 0 1 7 2
長さ　区間の川	013	1 1 1 7
流入する湖の分割番号	014	0 0 7 0
出口標高	015	0 1 1 5
落差	016	
作柄表示地帯　番号	017	
内水コントロール分割	018	
臨界比流量	019	
最大排水量	020	
最大灌漑排水量	021	
湖岸・湖の分割	022	
高水分流率	023	
臨界比流量	024	
分流前分割番号	025	
分流低水分流率	026	
高水分流率	027	
臨界比流量	028	
分流前分割番号	029	
分流先分割番号	030	

湖の出口がダム　名前 031
番号 032　　利水 033　　治水 034　　置換 035　　観測所名 036

合流関係　　　　037

項目	番号	上流端/中間右岸側		中間左岸側	番号	区間の川
平坦地形	038		078			
外面積	039		079		河床状態	118
田畑地下排水有無	040		080		底幅	119
畑作地　面積	041		081		深さ	120
平地林　面積	042		082		河川勾配	121
荒面積	043		083		断面種類	122
中高層街	1 044		084		水面勾配	123
地密集建物街	2 045		085		川幅	124
散在建物街	3 046		086		岸勾配	125
居住街	4 047		087		深さ	126
立在建物街	5 048		088		低幅	127
学校	6 049		089		岸勾配	128
病院	7 050		090		深さ	129
工場	8 051		091		合計幅	130
公園	9 052		092		岸勾配	131
運動場	10 053		093		深さ	132
墓地	11 054		094		分流数	133
広幅道路	12 055		095		1	134
高速道路　面積	056		096		2	135
岸　面積	057		097		3	136
静水面　面積	058		098		4	137
山地最高標高	059	0 5 4 3	099	0 3 3 5	5	138
地質	060	0 1	100	0 1	6	139
水田地　面積	061	0 0 1 0 5	101	0 0 0 7 4	7	140
畑作地　面積	062		102	0 0 0 7 1	8	141
荒面積	063	0 0 0 3 5	103		9	142
密集建物街	2 064		104		10	143
地散在建物街	3 065	1 0 0	105		11	144
居住街	4 066		106		貯留額 1	145
立在建物街	5 067		107		2	146
学校	6 068		108		3	147
その他	069		109		4	148
高速道路　面積	070		110		5	149
13以上	071		111		6	150
道 5.5〜13	072		112		7	151
路 3〜5.5	073		113	0 0 1 4 6	8	152
1.5〜3	074	0 0 5 2 0	114		9	153
1.5以下	075		115	0 0 2 3 0	10	154
露岩面　面積	076	0 0 0 1 8	116	0 0 1 2 3	11	155
静水面　面積	077		117		悲湖右岸側	156
					流湖左岸側	157
					データ終り記号	158 X X X X X X

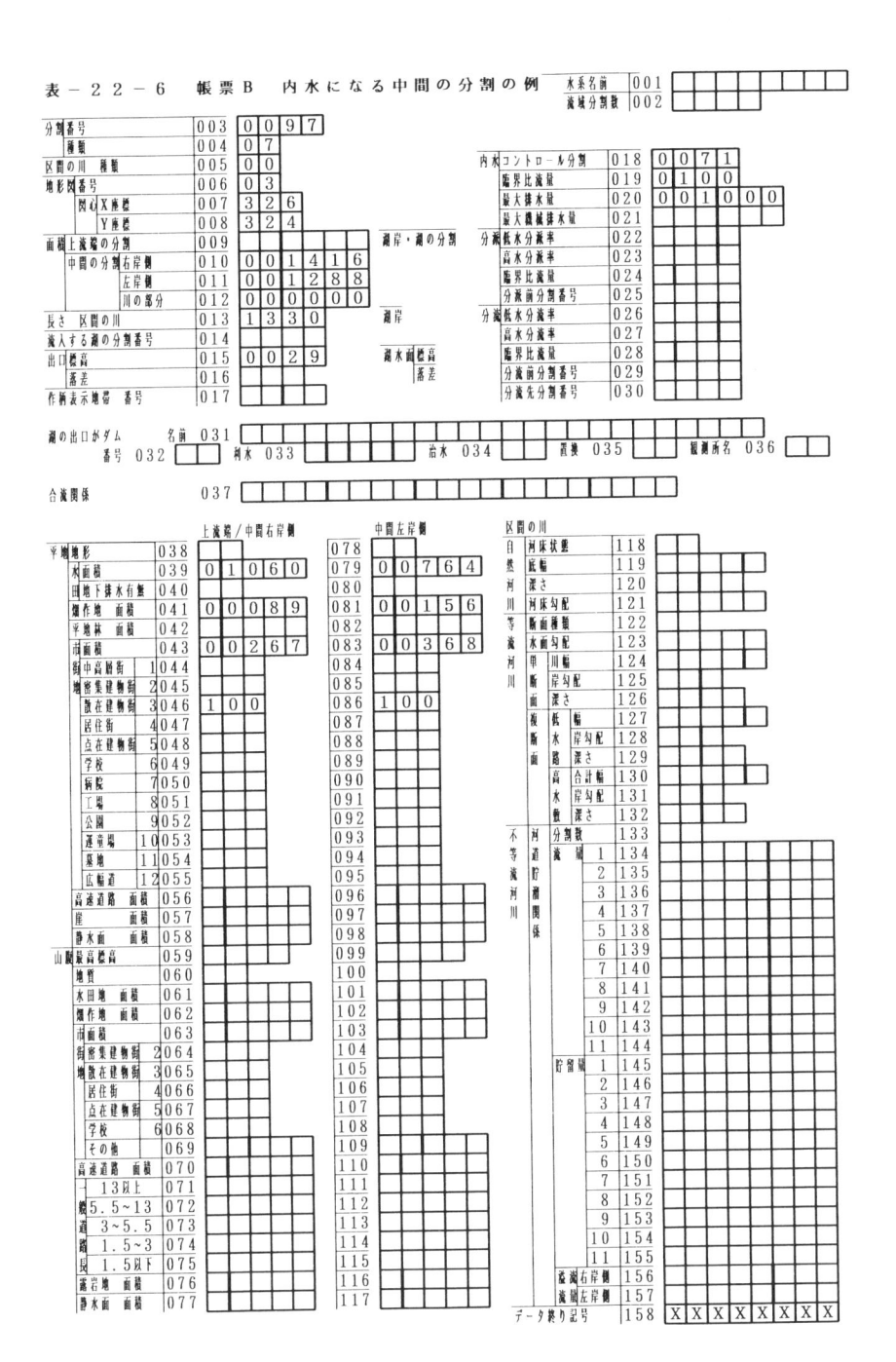

表-22-6　帳票B　内水になる中間の分割の例

表 - 22 - 7　帳票 B　湖の分割の例

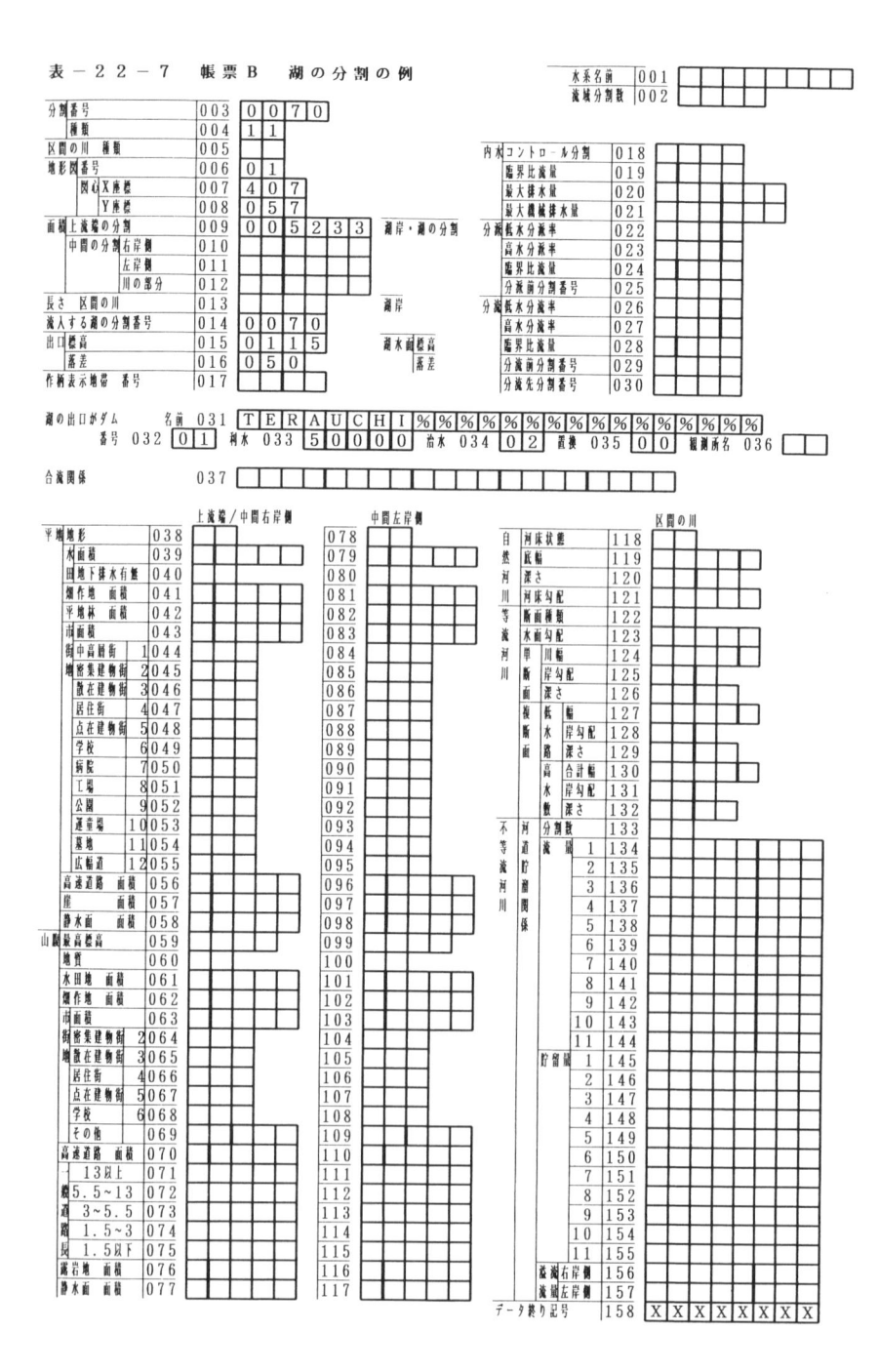

水系名前 001 ☐☐☐☐☐☐
流域分割数 002 ☐☐☐☐☐

項目	番号	値
分割番号	003	0070
種類	004	11
区間の川　種類	005	
地形図番号	006	01
図の X 座標	007	407
Y 座標	008	057
面積 上流端の分割	009	005233
中間の分割 右岸側	010	
左岸側	011	
川の部分	012	
長さ 区間の川	013	
流入する湖の分割番号	014	0070
出口標高	015	0115
落差	016	050
作柄表示地帯 番号	017	

項目	番号	値
内水コントロール分割	018	
臨界比流量	019	
最大排水量	020	
最大農業排水量	021	
湖岸・湖の分割 分湖高水分流率	022	
高水分流率	023	
臨界比流量	024	
分流前分割番号	025	
湖岸 分湖低水分流率	026	
高水分流率	027	
臨界比流量	028	
分流前分割番号	029	
湖水面標高 落差		
分流先分割番号	030	

湖の出口がダム　名前 031　T E R A U C H I % % % % % % % % % % % % % % % %
番号 032 01　利水 033 50000　治水 034 02　置換 035 00　観測所名 036 ☐

合流関係　　　　　　　037

	上流端/中間右岸側	中間左岸側	区間の川
平地地形 038		078	自然河川等流河川 河床状態 118
水面積 039		079	底幅 119
田地下排水有無 040		080	深さ 120
畑作地 面積 041		081	河床勾配 121
平地林 面積 042		082	断面種類 122
林面積 043		083	水面勾配 123
街中高層街 1 044		084	甲川幅 124
密集建物街 2 045		085	断岸勾配 125
散在建物街 3 046		086	面深さ 126
居住街 4 047		087	複低幅 127
点在建物街 5 048		088	断水岸勾配 128
学校 6 049		089	面路深さ 129
病院 7 050		090	高合計幅 130
工場 8 051		091	水岸勾配 131
公園 9 052		092	敷深さ 132
運動場 10 053		093	分割数 133
墓地 11 054		094	不 河 1 134
広場道 12 055		095	等 道 2 135
高速道路 056		096	流 貯 3 136
崖 面積 057		097	河 関 4 137
静水面 面積 058		098	川 係 5 138
山間最高標高 059		099	6 139
地質 060		100	7 140
水田地 面積 061		101	8 141
畑作地 面積 062		102	9 142
林面積 063		103	10 143
街密集建物街 2 064		104	11 144
街散在建物街 3 065		105	貯留関 1 145
居住街 4 066		106	2 146
点在建物街 5 067		107	3 147
学校 6 068		108	4 148
その他 069		109	5 149
高速道路 面積 070		110	6 150
13 以上 071		111	7 151
傾 5.5～13 072		112	8 152
斜 3～5.5 073		113	9 153
路 1.5～3 074		114	10 154
民 1.5 以下 075		115	11 155
裸岩地 076		116	湖岸右岸側 156
静水面 面積 077		117	流域左岸側 157
			データ終り記号 158 X X X X X X X

88

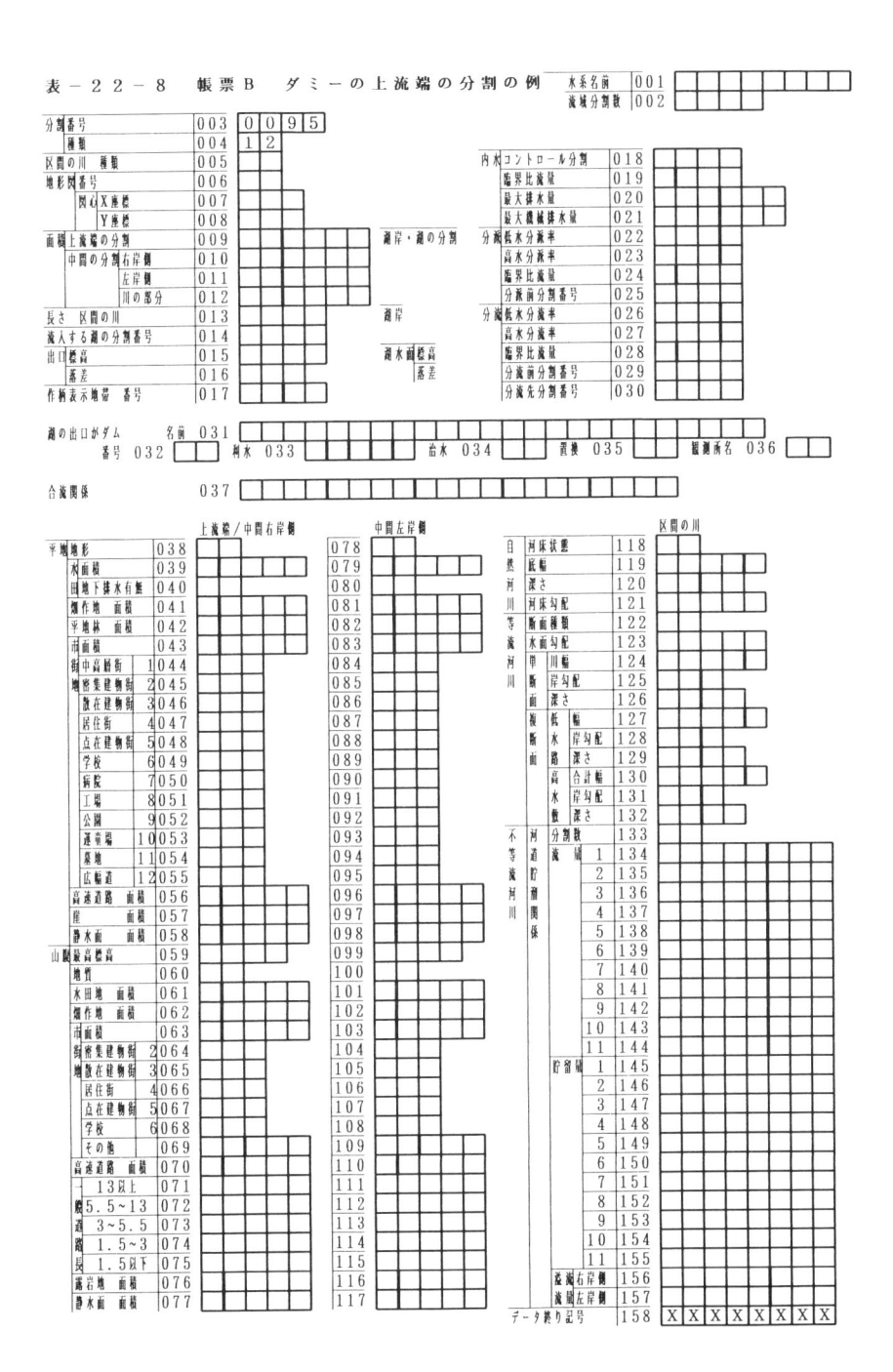

表 - 2 2 - 8 帳票 B ダミーの上流端の分割の例

第 I 部 分割法 第 3 章 計算の手続きの全容

表-23 流出計算の流れ

上流端の分割（1）	中間の分割（30）	湖に流入（57, 70）
合・分流無し（ ）	上流端の分割（31）	湖の岸の分割（58）
中間の分割（2）	合・分流無し（ ）	湖に流入（58, 70）
合・分流無し（ ）	中間の分割（32）	上流端の分割（59）
中間の分割（3）	合流（2, 30, 32）	合・分流無し（ ）
上流端の分割（4）	中間の分割（33）	湖に流入する分割（60）
合・分流無し（ ）	合流（2, 23, 33）	湖に流入（60, 70）
中間の分割（5）	中間の分割（34）	上流端の分割（61）
合流（2, 3, 5）	合・分流無し（ ）	合・分流無し（ ）
中間の分割（6）	中間の分割（35）	湖に流入する分割（62）
上流端の分割（7）	合・分流無し（ ）	湖に流入（62, 70）
合・分流無し（ ）	中間の分割（36）	湖の岸の分割（63）
中間の分割（8）	上流端の分割（37）	湖に流入（63, 70）
合・分流無し（ ）	合・分流無し（ ）	湖の岸の分割（64）
中間の分割（9）	中間の分割（38）	湖に流入（64, 70）
合流（2, 6, 9）	合流（2, 36, 38）	湖の岸の分割（65）
中間の分割（10）	中間の分割（39）	湖に流入（65, 70）
合・分流無し（ ）	上流端の分割（40）	湖の岸の分割（66）
中間の分割（11）	合・分流無し（ ）	湖に流入（66, 70）
合・分流無し（ ）	中間の分割（41）	上流端の分割（67）
中間の分割（12）	合・分流無し（ ）	合・分流無し（ ）
上流端の分割（13）	中間の分割（42）	湖に流入する分割（68）
合・分流無し（ ）	合・分流無し（ ）	湖に流入（68, 70）
中間の分割（14）	中間の分割（43）	湖の岸の分割（69）
合流（2, 12, 14）	合・分流無し（ ）	湖に流入（69, 70）
中間の分割（15）	中間の分割（44）	湖の分割（70）←寺内ダム湖
合・分流無し（ ）	合・分流無し（ ）	湖に流入（70, 70）
中間の分割（16）	中間の分割（45）	計算結果の表示（寺内ダム湖流入 , 寺内ダム湖流入）（註）
上流端の分割（17）	合・分流無し（ ）	不特定用水ダム（寺内不特定用水ダム）
合・分流無し（ ）	中間の分割（46）	一定量放流治水ダム（寺内一定量放流治水ダム）
中間の分割（18）	合・分流無し（ ）	合・分流無し（ ）
合・分流無し（ ）	中間の分割（47）	中間の分割（71）
中間の分割（19）	上流端の分割（48）	合・分流無し（ ）
合流（2, 16, 19）	合・分流無し（ ）	中間の分割（72）
中間の分割（20）	中間の分割（49）	合・分流無し（ ）
上流端の分割（21）	合流（2, 47, 49）	中間の分割（73）
合・分流無し（ ）	中間の分割（50）	湖の岸の分割（74）
中間の分割（22）	合流（2, 39, 50）	湖に流入（74, 75）
合流（2, 20, 22）	湖に流入する分割（51）	湖の分割（75）←妙見池
中間の分割（23）	湖に流入（51, 70）	湖に流入（75, 75）
上流端の分割（24）	湖の岸の分割（52）	流入即放流ダム（妙見池流入即放流ダム）
合・分流無し（ ）	湖に流入（52, 70）	合・分流無し（ ）
中間の分割（25）	湖の岸の分割（53）	中間の分割（76）
合・分流無し（ ）	湖に流入（53, 70）	合・分流無し（ ）
中間の分割（26）	上流端の分割（54）	中間の分割（77）
合・分流無し（ ）	合・分流無し（ ）	湖の岸の分割（78）
中間の分割（27）	湖に流入する分割（55）	湖に流入（78, 79）
上流端の分割（28）	湖に流入（55, 70）	湖の分割（79）
合・分流無し（ ）	湖の岸の分割（56）	湖に流入（79, 79）←舞状池
中間の分割（29）	湖に流入（56, 70）	流入即放流ダム（舞状池流入即放流ダム）
合流（2, 27, 29）	湖の岸の分割（57）	合・分流無し（ ）

中間の分割（80）
上流端の分割（81）
合・分流無し（ ）
上流端の分割（82）
合流（2, 80, 82）
湖に流入する分割（83）
湖に流入（83, 86）
湖の岸の分割（84）
湖に流入（84, 86）
湖の岸の分割（85）
湖に流入（85, 86）
湖の分割（86）←泉水谷池
湖に流入（86, 86）
流入即放流ダム（泉水谷池流入即放流ダム）
合・分流無し（ ）
中間の分割（87）
合流（2, 77, 87）
中間の分割（88）
計算結果の表示（庄屋村川合流）
合流（2, 73, 88）
計算結果の表示（庄屋村川合流点）
中間の分割（89）
合・分流無し（ ）
中間の分割（90）
上流端の分割（91）
合流（2, 90, 91）
中間の分割（92）
上流端の分割（93）
合・分流無し（ ）
中間の分割（94）
上流端の分割（95）
合・分流無し（ ）
中間の分割（96）
合流（2, 94, 96）
内水になる中間の分割（97）
合流（2, 92, 97）
中間の分割（98）
上流端の分割（99）
合・分流無し（ ）
湖に流入する分割（100）
湖に流入（100, 103）
湖の岸の分割（101）
湖に流入（100, 103）
湖の岸の分割（102）
湖に流入（102, 103）
湖の分割（103）←公園池
湖に流入（103, 103）
流入即放流ダム（公園池流入即放流ダム）
合・分流無し（ ）
中間の分割（104）
合・分流無し（ ）

中間の分割（105）
計算結果の表示（金剛寺川合流）
合流（2, 98, 105）
計算結果の表示（金剛寺川合流点）
中間の分割（106）
上流端の分割（107）
合・分流無し（ ）
中間の分割（108）
合・分流無し（ ）
中間の分割（109）
合流（2, 106, 109）
中間の分割（110）
上流端の分割（111）
合・分流無し（ ）
中間の分割（112）
合・分流無し（ ）
中間の分割（113）
合・分流無し（ ）
中間の分割（114）
合流（2, 110, 114）
中間の分割（115）
上流端の分割（116）
合・分流無し（ ）
中間の分割（117）
合流（2, 115, 117）
中間の分割（118）
上流端の分割（119）
上流端の分割（120）
合・分流無し（ ）
中間の分割（121）
上流端の分割（122）
合・分流無し（ ）
中間の分割（123）
合流（2, 121, 123）
中間の分割（124）
合流（3, 118, 119, 124）
中間の分割（125）
合・分流無し（ ）
中間の分割（126）
合・分流無し（ ）
中間の分割（127）
計算結果の表示（佐田川本川合流）

註：（ ）内の前者は表示地点の名前、後者は
実測流量ありの場合の実測流量のファイル名

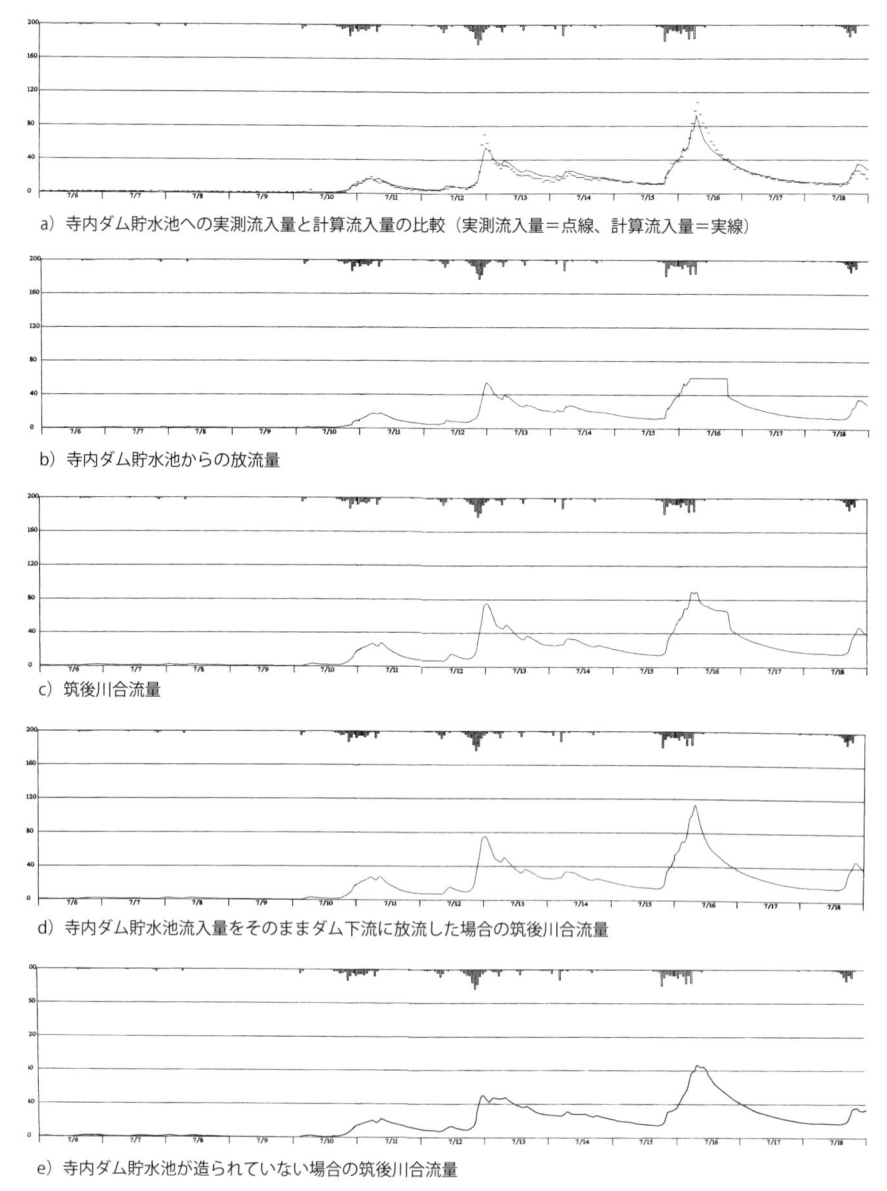

a) 寺内ダム貯水池への実測流入量と計算流入量の比較（実測流入量＝点線、計算流入量＝実線）

b) 寺内ダム貯水池からの放流量

c) 筑後川合流量

d) 寺内ダム貯水池流入量をそのままダム下流に放流した場合の筑後川合流量

e) 寺内ダム貯水池が造られていない場合の筑後川合流量

図-14 完全な計算例の計算結果―筑後川右支川佐田川（面積 61 km²）
目盛りは、左側が流量（単位：m³／sec）、右側が雨量（単位

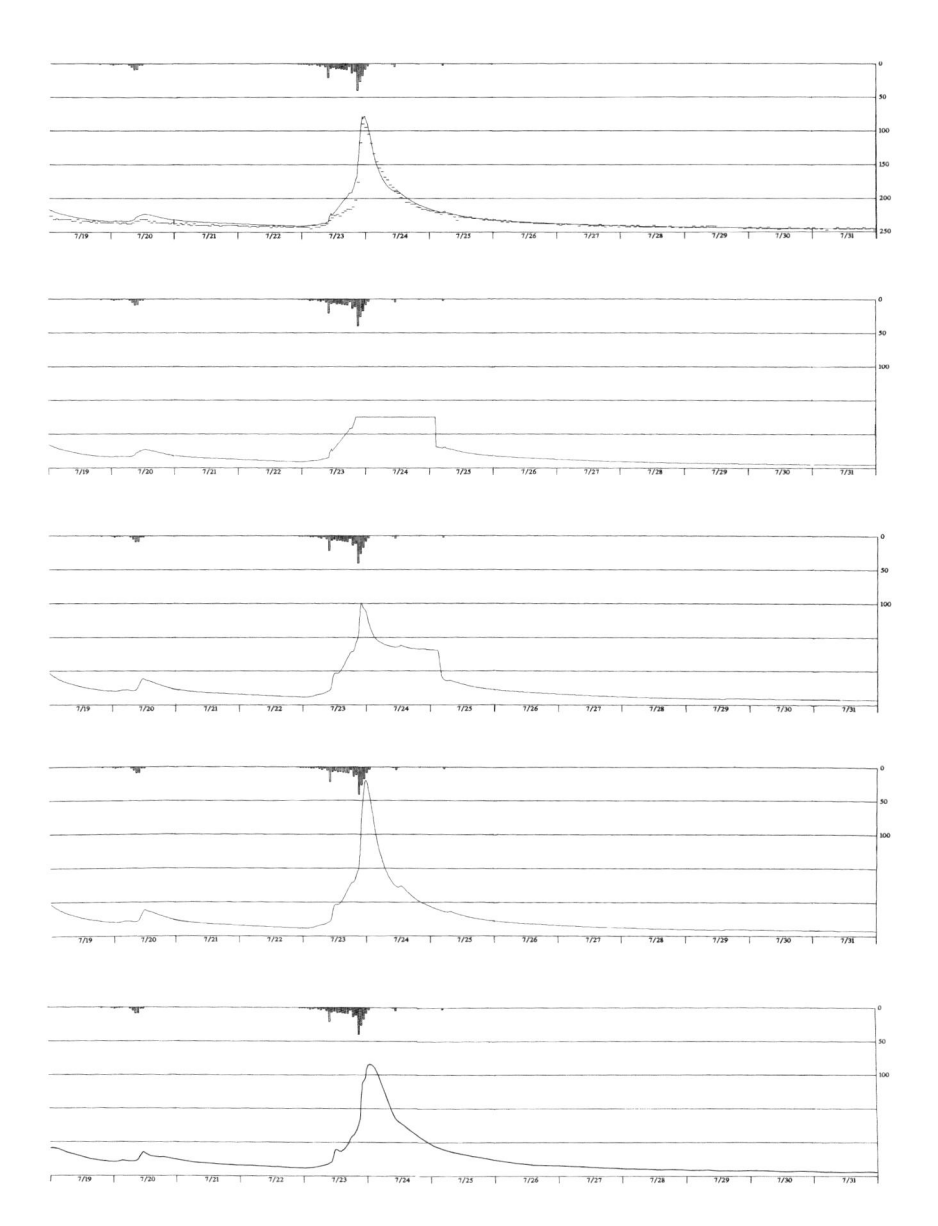

計算期間 1982 年 7 月 6 日～8 月 6 日（8 月 1 日以降表示省略）。
mm／hr）を示す。

第Ⅰ部　分割法　第 3 章　計算の手続きの全容　　93

第4章　分割法の多機能性について

1　分割法の多機能性

　分割法は、日本の国のどこかで大雨が降って、そこを流れている川で大水が起こった時、その大水が川のどの地点から溢れ出て洪水になるのか、洪水になるなら始まるのは何時頃か、小洪水で済むのか大洪水にまでなるのか、降った雨から計算するために開発された方法である。しかし、そのような目的に限らず、序文で掲げたような色々な計算が出来る。

　分割法の多機能性は、第Ⅱ部で述べる基礎とする流出計算マルチ・タンク・モデルが降雨の流出現象と流出過程をもれなく捉えるべく組み立てられていることによる、すなわちモデルの汎用性にあると言えよう。ここでは、分割法の多機能性について述べる。

2　過去・未来の川の流れを計算出来る

1) タイムスリップ
　ある時点である大雨が降ってある大水が出た場合、タイムスリップして違う時点に移ったなら、その大水がどんな大水に変わるか知りたくなることがある。このようなことは、分割法ならば容易に計算出来る。

2) 過去の川の流れの計算
　日本の国の大河川の改修計画の基礎になる設計大水は、大部分が第二次世界大戦終了直後の一時期に集中発生した大水害から決められている。これ等の大水害をもたらした大出水の再現計算は、ここで言う過去の流れの計算に当たる。

　国土地理院は、発行した地形図を発行年代順に保存・公開している。また、国会図書館の地図室に行けば、すぐにそれ等を閲覧出来る。よって、再現計算を行いたい年に一番近い年代の2万5千分の1の地形図、無ければ5万分の1の地形図の複写を入手すれば、このデータから分割法により過去の川の流れの計算が行える。

3) 未来の川の流れの計算
　山の木の大規模な伐採が行われたり、土地の利用の仕方が変わったり、河川改修が行われて堤防が造られ河道が変えられたり、山地に水利用や水害の被害を軽減したりするためのダムによる貯水池が造られたり、というようなことが起こった場合、川の流れがどのように変わるか計算することが、ここで言う未来の川の流れの計算である。

　この計算は、基本的に、ある時点の2万5千分の1の地形図を元にして、それの該当部分を未来のある時点に修正して行う。よって、未来の川の流れの計算は、過去の川の

流れの計算と同じである。

3 気候の温暖化に伴う川の流れを計算出来る

1) 気候温暖化の現実性
　地球の気候の温暖化が始まっていることは、今や全世界共通の認識になっている。
　気候の温暖化に伴って、大雨という気象現象が今後より violence（烈しい）なものになる、ことが予想される。すなわち、現代の川の流れの計算法は、気候の温暖化現象に対応出来るものでなければならない。

2) 気候の温暖化によって生じる降雨量の変化
　1時間雨量の世界記録は、305 mm である。ただし、この時は、42分間の雨量である。1時間降り続いてこの量を超えた雨は無いので、1時間雨量の世界記録ということになった。もし同じ強さで1時間降り続いたとすれば、436 mm になる。日本記録は、長崎豪雨災害で起きた187 mm である。この場合、偶然にも前正時から正時までの正1時間の記録である。1日間雨量の世界記録は1909 mm（パウルハウスの理論式により計算）、日本記録は1138 mm である。
　一大雨の総量の地方記録値は、日本の国では、南が多く、北に行くほど小さくなる。しかし、土木研究所の橋本健によると、1時間雨量となるとそれ程大きな違いが出ないと言う。すなわち、日本の国で降り得る雨の強さは、現気候条件下では200 mm／hr 程度、と考えられる。図-15 は、世界と日本について、色々な時間内の記録雨量を調べ、グラフにしたものである。日本人は、自分の国は世界の多雨国の一つであると考えているかもしれないが、まあ相撲の番付で言えば、小結程度である。小結の上には、関脇・大関、そして横綱が居る。
　この関係において、世界記録は、直線になっている。しかし、日本記録の場合、直線でなく、2時間から1週間位の期間では世界記録にほぼ並行する、弓なりの曲線になっている。このグラフから見ても、気候の温暖化に伴って、日本記録は、より世界記録に近付いていき、日本の各地方記録もこの関係に追従していく可能性がある、と推量される。
　すなわち、地球の温暖化に伴って、今よりも、大水をもたらす大雨の総量が増え、そして降り方が強くなる。その増え方の程度は、関脇か、はたまた大関までいくのか議論のある所である。

3) 気候の温暖化によって生じる川の流れの変化
　日本の国土の約三分の一は、降雨の不滲透地に属する。そして、残りの国土の大半を占めている山林地帯は、逆に、現状の雨の降り方では滲透地である。
　降雨の不滲透地においては、気象がいくら violence なものに変わろうと、雨と川の流れの量の間の関係に根本的な変化は、起こらない。しかし、滲透地の場合、violence

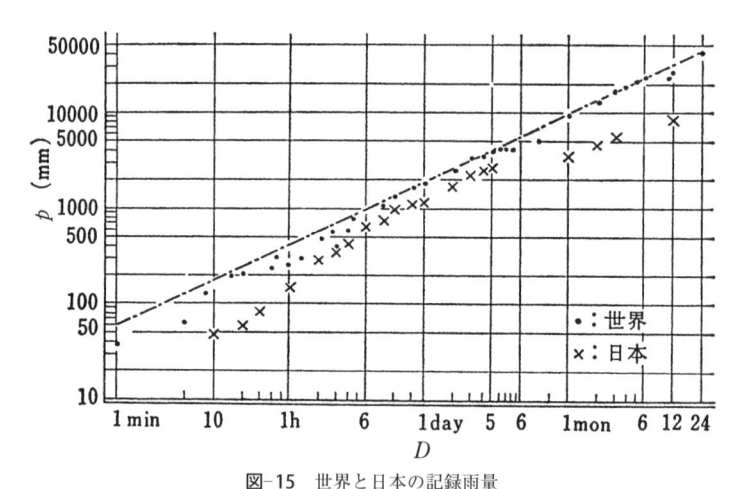

図-15 世界と日本の記録雨量
鎖線はパウルハウスの式 [p = 422D$^{0.475}$、p は最大記録雨量 (mm)、D は時間 (hr)]
(岡本芳美『技術水文学』日刊工業新聞社, 1982)

な気候の変動の中で今まで同様の滲透地のままに止どまって居られるのか、そこが問題である。すなわち、日本の国の山林地は、どこでも日本の1時間最大雨量の187 mm 以上の降雨を滲透させてしまう能力を持っている、と考えてよい。しかし、温暖化で降雨強度がこの値を大幅に超えるようになると、山林の状況によって滲透させ得ない場所が出てくる。これまでの山林下では雨は地下水になることでしか川に流れ出ていなかったのが、温暖化に伴って山林の地表面を流れるようになる。ということは、気候の温暖化に伴って、大水はより violence なものになる、ということを意味してる。

分割法は、以上の気候の温暖化によって生じるであろう雨と川の流れの間の関係の変化に対応出来るように組み立てられている。

4　山林の荒廃の影響を計算出来る

山林の大規模な皆伐が行われると、伐採や搬出作業によって土壌層や土層全体が著しく荒らされたり失われたりし、その直後においては人為的な荒廃地が山腹の50%を超えることがある。その後、いくら手入れを行っても短期的に見れば30%と言う地域が荒廃地として残ってしまう、とも言われている。

未曾有の大雨があった直後の山腹は、崩壊地形で地形図が塗りつぶされてしまう、と大袈裟に言ってもよいような状況になることがある。しかし、10年の単位でその後を見ると、そのようなことが起こったかどうか伺い知れないほどの外観になることが多

い。

　戦前、そして戦後のある期間においては、伐採した材木を斜面を転がして谷川に落とし込んで積み上げ、その上流に作った仮設の貯水ダムを一気に壊して起こる人工の激しい流れで材木を下流に流送することが行われた。これが行われると、谷川の岸から相当上部まで基盤岩が露出してしまう。

　山腹が荒廃するとそこは谷川と似たような土地になり、降雨は、基盤岩層に滲透しなくなり、たちまち谷川に流れ出て、大水の流れの量を増やす。また、山腹の地下水層への雨水の補給が少なくなり、普段の川の流れの量が目に見えて減ってしまう現象を生じる。

　分割法では、山腹の土地利用を谷川・山林地・水田地・畑作地・市街地・山林通過道路と鉄道・静水面・露岩地に加えて山林の皆伐や乱伐から生じた荒廃林地にまで分けて測定し、川の流れの量を計算している。第二次大戦直後の日本の国の山林は乱伐により荒廃の極みにあった、と言われている。しかし、それから半世紀以上も経った現在は戦後の積極的な植林活動により有史上一番山林の状態が良い、とまで言われるようになっている。したがって、地形図上では、荒廃林地と呼べる土地利用の形態は、今では殆ど抽出出来ない。将来何等かの原因で山林の荒廃が起こると予想される場合、健康な山林地を荒廃林地に振り替えれば、その影響が容易に計算出来る。

5　複雑化した水利体系を計算出来る

1）分割法の特徴の一つ

　分割法は、図-11（62頁）のような水系構成図に従って逐次に計算が進められる仕組みになっているので、水系のほぼ任意の地点の川の流れからある量の水を取ったり、あるいは加えたりすることが簡単に出来る。すなわち、複雑化した水利体系を計算するためには、自然の川の流れの上に利水のための輻輳した人工の流れを乗せなければならないが、分割法によれば、それが持つ計算の仕組み故に、簡単に行うことが出来る。

2）利水計算のため分割法が普通に行えること

　分割法が普通に行える利水計算は、次の通りである。

各種（農業・水道・工業・不特定）用水の取水
発電用水の取水と放水
発電用水の余水の放水
注水用水の取水と放水
他水系からの用水の放水
各種用水の貯水池への貯水
各種用水の不足時の貯水池からの補給

農業用水は、取水量の全量を消費してしまう訳でなく、下流へ相当量の帰還流が生じる。しかしここでは、これについては考えていない。このことを行うためには、特別な部分プログラムの関数を組んで、第Ⅱ部の第 1 章 10 で述べている流出計算の流れの中に挿入すればよい。分割法のプログラムは、公開されており、プログラムの変更・追加・改良は自由である。

6　降雨の地域分布の効果を計算出来る

降った雨が川のある地点に集まってくる範囲、すなわち流域に雨がいつも均一に降ってくれるならば、何等問題は、起こらない。しかし、流域が大きくなればなる程、流域における降雨の不均一性が高くなる。日本の国で現在標準的な方法とされている川の流れの量の雨から計算する方法では、流域に平均して降る雨の量を計算し、これをデータ入力している。

この仕方によれば、当然、雨が平均より少ない地域で実際より多く降り、平均より多い地域では少なく降ることになる。このことによって生じる計算誤差は、流域が大きくなればなる程大きくなる。すなわち、流域における土地利用が著しく不均一な場合、例えば、雨が多く降ることになった地域が都市域で、少なく降ることになった地域が山林域である場合、都市域からの流出量は過大に計算されることになり、山林域においては逆に過小に計算されることになる。

これに対して、分割法においては、平均すると 1 km^2 以下に細かく分けられた分割に降る雨は、その分割に一番近い雨量観測所の雨になる。このようにして求められた分割に降る雨は、実際にその分割に降る雨により近くなる。すなわち、分割法によれば、流域における降雨の分布の効果がより的確に計算出来る。

7　河道の効果を計算出来る

1) 河道の効果の計算

ここで言う河道の効果の計算とは、第一に現在地形図に現れている川が河道改修などで変えられたならば、それから下流の川の流れの量にどんな影響を及ぼすか計算することである。第二は、ダムが造られて今まで川の流れであった所が湖面になってしまった場合のことである。

2) 河道の変化

分割法は、国土地理院発行の 2 万 5 千分の 1 の地形図上で、ある区間の川を次のように分類して取り扱っている。

地形図上で線で表されている川

地形図上で幅があり、かつ自然状態の川
地形図上で幅があり、かつ改修済み河川
大河川であり、かつ河道の貯溜関係の計算が必要な河川

　河道の貯溜関係とは、川のある区間を流れる水の量とその区間に溜まっている水の体積との間に一定の関係がある。すなわち、川の流れの量が多いためには、溜まっている水の体積が多くならなければならない、ということを表した言葉である。
　地形図上で線で表されている川は、奥山の小さな川と平地の小さい川の二種類に分けられる。これ等は、幅が狭いため地形図の上では線としか表記せざるを得ないので線になっているのであって、実際は幅がある。
　"奥山の小さな川"の場合、"地形図上で幅があり、かつ自然状態の川"に進化することは、普通起こり得ない。ましてや、"地形図上で幅があり、かつ改修済み河川"になることは、絶対に無い。しかし、"平地の小さな川"の場合、河川改修が行われ、突然、"地形図上で幅があり、かつ改修済み河川"に昇格することは、いくらでも起こっている。"地形図上で幅があり、かつ自然状態の川"は、河川改修が行われ、"地形図上で幅があり、かつ改修済み河川"に昇格することは、しばしば起こる。"地形図上で幅があり、かつ改修済み河川"や"大河川であり、かつ河道の貯溜関係の計算が必要な河川"が、河川改修を受けて、より河道規模の大きな河川になるのは、大河川の改修工事の歴史である。
　このように川が昇格した場合、それが川の流れの量に与える影響を的確に把握することは、大変重要な問題であり、このようなことをここでは河道の効果と呼んでいる。分割法においては、分割の川の区間のデータをここでいう昇格前のデータから後の新データに入れ替えることにより、容易に河道の効果を評価出来るようになっている。

3) 河道の消滅
(1) ダムを設けるということ
　ダムを設けるということは、その上流の河道だった区間が貯水池に変わることを意味する。河道の時には、その上流端に流れ込んだ流れがダムが設けられる地点まで流れていくのにある時間を要する。しかし、この区間が貯水池になると、瞬間的にダム地点に到達することになる。すなわち、ダムによってその上流が貯水池になると、ダム湖に流れ込んだ流れは、ダム地点まで瞬間移動するのと同じ現象を起こす。
　河道だった区間が短い場合は、この瞬間移動の影響は、そう大きく無く、無視し得る。しかし、大ダムで出来た大貯水池の場合、10 km 以上にも及ぶような長さの河道区間が消えることもしばしばあり、このことによって起こる川の流れに対する影響は無視せざるものがある。分割法は、この河道の区間が消えることによって生じる効果、すなわちダムの負の効果を計算出来る方法である。

(2) ダム地点の流れの量の計算

ダムがまだ造られていない時のダム予定地点の流れの量は、ダム予定地点を追加区切り点として水系を区切り、追加の分割を設けた上で水系構成図を作れば、計算出来る。ダムが出来た後の流れの量は、貯水池の貯水位を想定して流域分割をやり直し、水系構成図を組み替えることで、簡単に計算出来る。

(3) ダムの負の効果を計算することの重要性

多かれ少なかれダム地点の流れの最大量は、ダムが出来る前よりも大きくなる。

例えば、利水のためのダム貯水池を考えて見よう。大雨が降って大水が始まる前の貯水池は、相当空である、としよう。大水が始まると、単純に言うならば、利水ダム貯水池は、貯水池への流れを貯水池が満杯になるまで全量溜め込む。そして、満杯になった瞬間、流れ込んだ量をそのままダムを通して下流に放流してしまう。この全量放流が開始されると、ダムが無い場合の流れの量よりも大きな流れの量がダム地点で発生することになる。

治水ダムの場合、利水ダムで生じるような最悪の貯水状態は、めったに起こらない。しかし、貯水池へ流れ込む流れの量が即ダムからの放流される量という状態が発生したダム貯水池は、現実にある。この場合、"治水ダム貯水池がかえって大水を大きくしてしまった"と言われることになる。

ダム貯水池の効果を考える場合、プラスの効果だけが強調され勝ちである。しかし、マイナスの効果を的確に掴み、両者の差し引きでダム貯水池の全体効果を考える必要がある。この点で、分割法がダム貯水池の負の効果を計算出来る方法であるということは、非常に重要である。

8　水田の治水効果を計算出来る

1) 水田の治水機能の由来

志村博康は、農業土木学会誌1982年1月号で、"水田の雨水貯留機能は、水田面積と畦畔の高さで決まると言って良い"から始めて、水田面積を300万ha（昭和50年現在）、畦畔の高さを30cm、平均湛水深さを3cmとすれば、"81億m^3が豪雨時の出水を抑制する水田の貯水容量と算定される"と述べた。

水田は、稲を植えるために、表面を平らにして、畦畔を巡らせ、水が湛えられるようにした耕地である。ここには、耕作時に3～5cmの深さで水が湛えられる。水田は言うなれば、浅い池である。この池に水を引くため用水路に面して水口と呼ばれる水の流入口が設けられる。また、排水路に面して、この池の水深を調節するため、畦畔を切り開いて水尻と呼ばれる流出口が設けられている。畦畔で囲まれた一区画の田一枚の広さは、概念的に言って、一反（約1000m^2）である。他方、水尻の幅は30～40cmである。すなわち、池の広さと比較すると圧倒的に幅が狭いから、そこから流れ出ることが出来

る水の量はそう多くないと感覚的に捉えられて、水田はそこに降った大雨が外に流れ出るのを抑留している、つまり水田は治水機能がある、と一般的に考えられているようである。

この考えと志村の論文が結び付いて、"水田は治水ダム貯水池と同じ機能が期待出来、その容量は81億m^3である"と水田工学関連者に信じ込まれた、ようである。すなわち、田渕俊雄は、著書『世界の水田・日本の水田』（山崎農業研究所、1999）において、"水田は豪雨の際には水を一時貯留するので、洪水を防止する治水機能があることは良く知られている"と述べている。

2) 水田の治水効果の計算例

流域面積が174km^2で、そのうち水田面積が12.2km^2（7％）の姫川の姫川第2ダム地点で、1995年7月10日～12日の間の大雨で生じた出水について、雨が田面に貯留されることなく直ちに排水路に流出してしまう場合と、田面に貯留作用を受ける場合の分割法による比較計算結果が図-16（a）で示されている。これを見ると、日本の国の水田の田面による貯留作用は、期待されている程大きなものではない。

他方、オリフィス（穴）式水尻と呼ばれる、写真-1の特殊な水尻を用いた場合の計算結果が図の（b）である。これを見ると、直径1cmのオリフィス式水尻は最大100m^3/sに近い治水効果があることがわかる。このオリフィス式水尻は堰板式水尻と同じように水尻幅を降雨強度に応じて狭めたり・拡げたりが自由に行える水尻で、オリフィスの直径で定格される。

オリフィス式水尻のオリフィスの直径は、小さ過ぎると流れてくるゴミですぐ詰まってしまう。大き過ぎれば貯留作用は当然少なくなる。実地で試した結果では直径5cm位が臨界のようである。またこの水尻を用いるためには、排水路の水位を通常より低くする必要がある。なおこの水尻は、新潟県北部の旧神林村の水田で開発されたものである。

3) 緑のインフラと水田の治水機能

最近、緑のインフラという考え方が諸外国で叫ばれている。これは、従来の手法、すなわち古い手法（gray stormwater infrastructure）ではなく、植物や土壌を利用した新しい手法（green infrastructure）で治水事業を行おうとする考え方である。この場合の"gray"は灰色ではなく"古い"ことを意味している。スーパー大雨によって発生するスーパー大水に対応しなければならない日本の国の治水事業においては、緑のインフラを考えるとすれば、水田地帯への計画氾濫か水田の治水機能の導入しかない。しかし、そのためには、次の前提が必要となろう。

①水深300mmの貯水に耐えるスーパー畦畔の築造
②どんな排水路を持つ水田にでも対応出来る水尻構造の開発

現在、我が国で標準的に行われている計算法を用いたのでは、田圃の治水機能を計算することは難しい。しかし、分割法によれば、田一枚の広さと水尻の幅、ならびに水尻の構造を計算条件として設定するだけで済む。

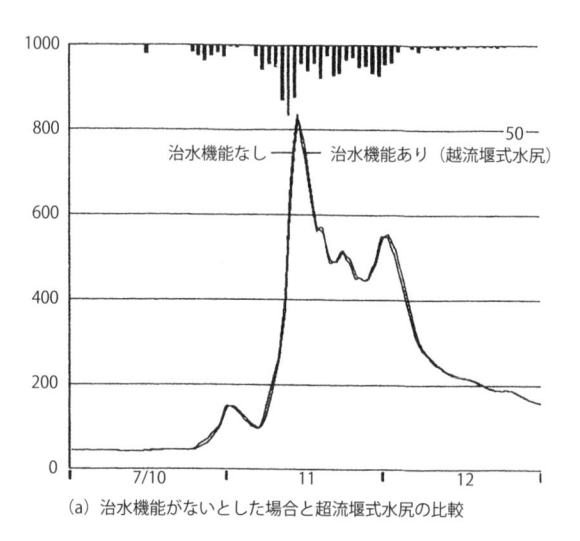

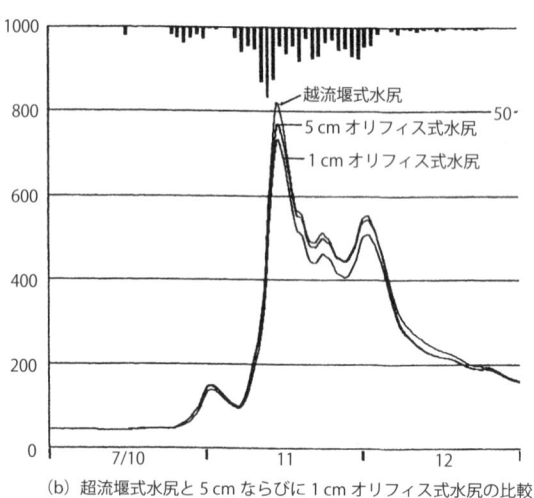

(a) 治水機能がないとした場合と超流堰式水尻の比較

(b) 超流堰式水尻と5cmならびに1cmオリフィス式水尻の比較

図-16　水田の治水効果
(岡本芳美「水田の治水機能について」『2003年研究発表会要旨集』水文・水資源学会, 2003)

写真-1 オリフィス式水尻
(a) 水尻升(ます)
(b) 升の底の排水用の孔
(c) 直径5 cm のオリフィスを孔の蓋のようにかぶせる。大雨時はオリフィスで排水量が抑制され田面に雨水が貯留される

9　山林の効果を計算出来る

1)　山林で起こる現象

　我が国土の三分の一は平地、残り三分の二は山である。山の山腹はほぼ森林で覆われているから、我が国土の三分の二の土地利用は、山林である。

　山林地は、それぞれが特徴的な多数の層の重なり合いから構成されている。その結果、次に述べる複雑な雨水の流れが生じている。

大気層　――――　雨滴が落下してくる空間。樹木層からの蒸発・発散により生じた水蒸気と樹下空間層で発生した水蒸気を受け入れる空間。

樹木層　――――　樹木の葉・枝の重なり合いの層。
　　　　　　　　雨滴はこの層で一旦捕えられ、ここを濡らしながら、垂直に落下する水滴になる。保留された雨水は、大気中に蒸発する。

樹下空間層　――　樹木層と下草層の間の空間。小木・下草層、落葉層、土層からの蒸発・発散により生じた水蒸気を一旦受け入れる空間。
　　　　　　　　この空間を樹木層から生じた水滴が小木・下草層に向け、また直接落葉層に向け落下していく。

小木・下草層　―　樹下の小木と下草の層。
　　　　　　　　この層に捕えられた落下水滴は、ここを濡らしながら、再度水滴になる。保留された雨水は、大気中に蒸発する。

落葉層　――――　樹木・小木・下草から生じた落ち葉等の堆積層。
　　　　　　　　樹木層や小木・下草層から落ちてきた水滴は、ここを濡らし、そして終えたら、土層表面に到達する。
　　　　　　　　樹下空間層から来る水滴の落下速度は、毎秒9m位になる。しかし、この層の存在のため、土層表面は落下衝撃により乱されない。落葉層からの水分の蒸発は、樹下空間層は昼でも暗くかつ高湿度なので、大きくない。

土層　―――――　山の本体を構成する基盤岩が風化して出来た土の層。
　　　　　　　　山頂部は厚く、中腹部は急傾斜の山で1m位。山脚部は中腹部と同じか、運積性の場合は場所により厚さが異なる。以下のA・B・Cの三層により構成される。
　　　　　　　　小木・下草の根はA層にのみ、成長した樹木の根は土層全体に分布する。土層表面からの水分の蒸発は、表面を覆う落葉層を通して行われるため、大きくない。

　　A層　――――　有機物に富み、堆肥のような、空隙の多い、厚さ10cm位の層。A層に到達した雨水は、皆層中に滲透し、表面からの蒸発や樹木や小

木・下草の成長のための水分の吸収により乾いた土を濡らして、すなわち土の湿りの不足を補いながら、残りの雨水は、皆 B 層に到達する。

B 層 ── 厚さ 20 cm 位の一見して粘土の層。
B 層を貫通して、A 層と C 層を連絡する大孔隙を有する。これは、B 層を貫いて C 層に伸びていく樹木根が、樹木が倒れた後で腐って出来たものである。
B 層に到達した雨水は、この孔隙を通って C 層に滲透していく。

C 層 ── 上部は細かい砂層のようで、下に向かうにつれて礫が混ざり始め、段々増えていき、基盤岩層の上では礫の隙間に細かい砂が詰まっているような状態の層。山林を構成する成長した樹木は、この層の中に広く深く根を張っている。1ヵ月を超える長い日照りにも山林の樹木が耐えられるのは、この層の存在による。この層に到達した雨水は、樹木の成長のため生じた土の湿りの不足を補いながら、残りは、ここを通過し、D 層に到達する。

基盤岩層 ── 一枚岩でなく、節理による割れ目が発達している層。
（D 層）
隣り合う谷川同士を、隣り合う谷川と川を、そして隣り合う川同士を結ぶ面を境にして、上部は滲透性の層、下部は不滲透性の層になっている。
成長した樹木は、太い根を基盤岩層の割れ目にまで深く張って、樹体を山腹斜面にしっかり固定する。

滲透性の ── 節理による割れ目が開いている層。中間層と地下水層から成る。節理
基盤岩層　による割れ目は、特に表面付近は大きく開いていて、C 層から来た雨水を全量滲透させてしまう。

中間層 ── 滲透した雨水が基本的に下向きに地下水層に向け伝わっていく層。

地下水層 ── 降下してきた雨水が地下水面に到達すると地下水に変わり、水平に向きを変え、最寄りの川に向け流れていく層。
山林地に降った降雨から蒸発・発散して残った雨水、すなわち有効雨量は、皆地下水層の地下水になる。
地下水層の地下水は、最寄りの川から遠いところで雨水から転じて地下水になったものは長時間をかけて、近いものは短時間で最寄りの谷川や川に流出する。

不滲透性の ── 節理による割れ目が閉じている層。雨水が滲透出来ないため、この上
基盤岩層　に地下水層が生じる。

2) 現象のモデル化

分割法の基礎モデルは、前項において述べた事柄を最小限のタンクを用いて表現している。タンクの数を増やせば、より精密に現象を表現・評価することが出来る。

3) 山林の効果

山林の最大の効果は、日本の国土の約三分の二を占める土地で降った降雨の有効分を全部地下水にして川に流れ出るようにしていることである。山林地における地下水の川への流れ出方は、ゆっくりとした現象と考えられ勝ちであるが、はやいものからおそいものまで極めて幅の広い成分によって構成されている。

分割法の基礎モデルにおける地下水の構成を表-24 として示す。

表-24 地下水の種類と流れ出方

地下水の流れ出方	発生面積率（％）	貯留係数の比率（基準＝おそい）
おそい	30	1
ふつう	40	0.1
はやい	20	0.05
すぐ	10	0.025

ここで、おそい・ふつうの地下水の流れ出方が普段の川の流れの構成主体であり、地下水のおそい出方と一般に言われているものに相当する。はやい・すぐの地下水の流れ出方が地下水のはやい出方になる。はやい・すぐの成分は、大水のピークの発生に直接的に影響を及ぼす。

もし、山腹が山林でなくなれば、ここは地表面を雨水が流れる場に変わり、その影響と結果たるや極めて大なるものになる。分割法は、山林の効果を色々な面から計算出来る。

10　地質の効果を計算出来る

日本の国には世界中のありとあらゆる種類の地質が存在していると言っても過言ではない。すなわち、以下のようである。

花崗岩・閃緑岩・斑れい岩等	→貫入火成岩
片岩・片麻岩・粘板岩（スレート）・千枚岩・大理石・ホルンヘルス等	→変成岩
礫岩・砂岩・泥板岩（頁岩）・凝灰岩・石灰岩等	→堆積岩
流紋岩・安山岩・玄武岩等	→熔岩
砕屑物・火山砕屑物	→砕屑物

しかも、それ等は、入り組み・入り混じって流域の中に存在している。流域が大きくなればなるほど地質の分布状況を言葉で述べることは、一般的に言って難しくなる。

分割法では、流域を細かく分割している。流域分割数は、"1 km²の単位の流域面積×1.5"位の数になるから、分割の平均面積は1 km²以下になる。また、山の地質を"貫入火成岩と変成岩""堆積岩""熔岩""砕屑物"に大きく4分類している。その結果、上流端の分割の場合と中間の分割の場合の左右岸側の各部分が1分類の地質で占められる状況が多くなってきた。すなわち、分割法によって流域の山の表層地質を計算に反映させることが出来るようになった。

利根川上流域全体としての山の地質分布は、後で示される表-25（110頁）で見られるように、貫入火成岩と変成岩が14%・熔岩が26%・堆積岩が45%・砕屑物が15%となっているが、支川別で見ると流域全体の値から大きくばらついているのがよくわかる。

11　地形と土地利用の効果を計算出来る

分割法は、流域の地形を山・平地・川に大分類した上で、各地形内の土地利用を次のように分類している。

山……谷川・林・水田・畑地・市街・林内道路・高速道路・露岩・荒廃林地・静水面
平地…小川・水田・畑地・林・市街・高速道路・崖・野原・静水面
川……線の川・幅のある川

それぞれの地形、それぞれの土地利用によってそこに降った雨の川への流れ出方、また川に流れた雨水の流れ下り方は、特徴的に違ってくる。

カラー口絵参照。筑後川の右支川の佐田川（流域面積62 km²）は、上流部の山地が80%、残りの各10%が中山間地と市街地という面積割合になっている。上流部と中・下流部の境目に多目的の寺内ダムがある。この川について分割法により川の流れの計算を行った結果が図-14（92・93頁）である。この図の（a）は寺内ダム貯水池流入量、点線が実測値、実線が計算値である。（b）と（c）は寺内ダム貯水池で流入量を貯留した場合の下流の流量である。（d）は寺内ダム貯水池流入量を貯水池に貯留しないでそのまま下流に放流した場合の筑後川へ合流する直前の佐田川の流量である。（e）は、寺内ダム貯水池が造られる前の筑後川合流の直前の佐田川の水量である。（a）と（e）を比較すると、面積が80%を占める純山地からの川の流れのピーク量と20%しかない中山間地と市街地からのピーク量がほぼ同じになっていて、しかも時間差をもって発生していることがわかる。

佐田川のように小さな川であると、地形・地質・土地利用の効果がはっきりと目に見

図-17　利根川水系の概要

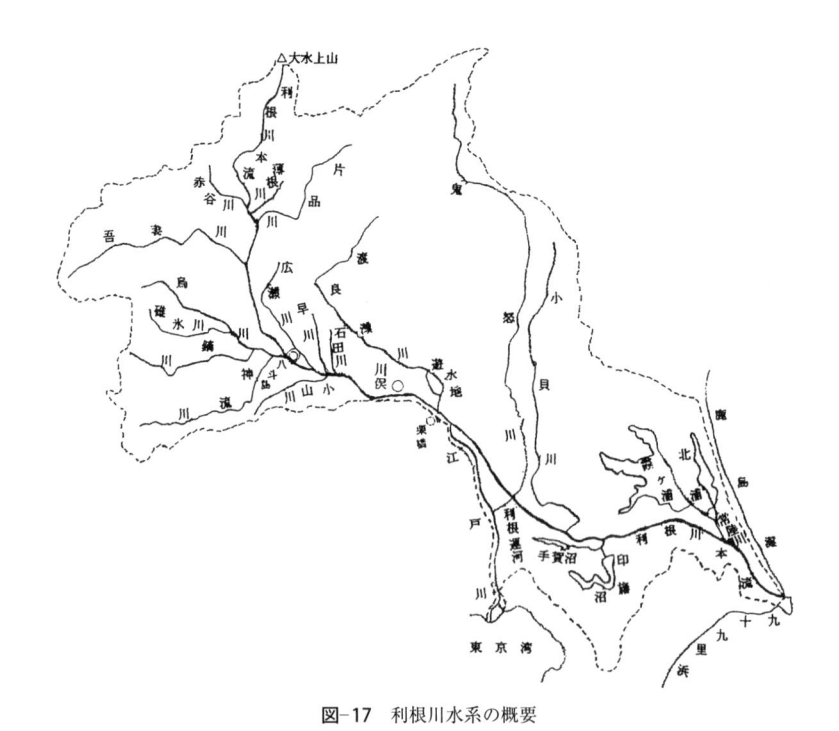

(図-17、図-18、図-19の出典は岡本芳美「カスリーン台風による大水の検証—新方法による計算結果に基づいて (Ⅲ)」『水利科学』332, 日本治山治水協会, 2013)

えるようになることがあるが、利根川上流（流域面積約 5900 km^2）のような大きな川になると、どうであろうか。

　図-17 は利根川の水系図、図-18 は利根川上流の河道縦断図、表-25 は現在の利根川上流域の土地利用状況を示している。利根川に既往最大の大水をもたらしたカスリーン台風の大雨は、流域内 37 地点、周縁 14 地点、計 51 地点で観測されていたが、それ等はいずれも平地に置かれた雨量計で測られたもので、山地では平地よりもっと多く雨が降っていたことが筆者の計算（岡本芳美「カスリーン台風による大水の検証—新方法による計算結果に基づいて（Ⅰ・Ⅱ・Ⅲ）」『水利科学』330・331・332, 日本治山治水協会、2013）から明らかになっている。すなわち、カスリーン台風の大雨は山地の方が平地よりも 60％多かったと考えられる。そこで、平地で観測された雨量を 60％割り増しして山地雨量とし、有史以来山林の状態が最も良いと言われている表-23（90・91 頁）の条件下で分割法を用いて計算を行った結果が図-19 である。これによれば、本流の流れに支川の流れが合わさっていって本流の流れが段々と大きくなり、やがて最大に達し、

図-18 利根川上流縦断図

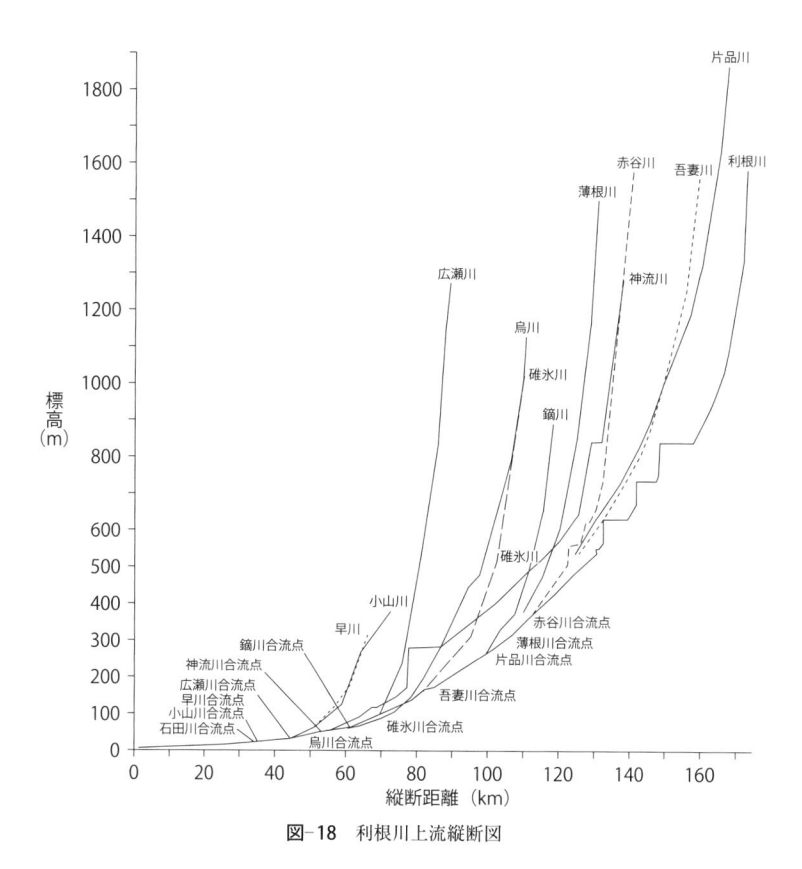

それが支川の合流の無い河道だけの区間に入ると徐々に逓減していく様子がよくわかる。

しかし、カスリーン台風の発生当時の山林は有史以来最悪の状態にあった、すなわち荒廃の極みにあったと言われているから、この状態下でカスリーン台風の大雨が降ったとした場合の八斗島地点の流量を分割法で計算し、現代と比較してみた。

山林が荒廃していると言葉で言うのは簡単であるが、これを定量的に表現するのはなかなか難しい。そこで、この計算においては、山林の荒廃の結果、山腹における谷川の面積率が5%から10%に、線の川の幅を5mから10mにそれぞれ2倍になっていた、としている。従って、山の林の面積率はこれに応じて減少している。ただし、この3項以外の条件は現代のままに固定されている。カスリーン台風時の八斗島地点の最大流量は17000 m³/sec と公称されているが、分割法で計算すると最大限12500 m³/sec 程度

表-25 利根川上流域の土地の状況

	全体面積	土地利用−山 林	水田	畑地	市街	一般道	高速道	露岩	静水面	谷川	土地利用−平地 水田	畑地	林	市街	高速道	静水面	小川	上の川	地形図 長さ	幹川 位置	合流点 1	2	3	4	山の地質 山の起伏量
利根川上流	5941.8	64.1	0.5	5.5	1.1	0.3	0.1	1.2	0.1	3.8	4.3	6.7	1.2	7.0	0.2	0.0	1.0	3.0	171.4		14	26	45	15	419
藤原ダムより上流	408.4	89.7	0.1	0.1	0.1	0.1	0.0	2.1	0.0	4.9	0.1	0.0	0.2	0.1	0.0	0.0	0.0	2.5	38.9		57	24	18	0	493
下流	5533.4	62.2	0.5	5.9	1.1	0.3	0.1	1.1	0.1	3.8	4.6	7.2	1.3	7.5	0.2	0.0	1.1	3.0	132.5		10	27	47	16	413
赤谷川合流点より上流	783.1	86.1	0.6	1.8	0.4	0.2	0.1	1.9	0.0	4.8	0.5	0.6	0.5	0.7	0.0	0.0	0.1	1.8	60.5		37	30	30	3	512
下流	5158.7	60.7	0.5	6.0	1.2	0.3	0.1	1.1	0.1	3.7	4.9	7.6	1.3	8.0	0.2	0.0	1.2	3.2	110.9		10	24	47	17	402
片品川合流点より上流	1688.9	82.3	0.7	2.6	0.4	0.3	0.1	0.0	0.0	4.6	1.0	2.7	0.7	1.2	0.0	0.0	0.3	1.9	69.0		28	44	21	7	416
下流	4252.9	56.8	0.4	6.6	1.3	0.4	0.1	1.1	0.1	3.5	5.6	8.3	1.4	9.4	0.3	0.1	1.3	3.4	102.4		7	18	56	19	390
吾妻川合流点より上流	3197.5	78.3	0.7	5.7	1.1	0.4	0.1	1.4	0.1	4.6	0.9	2.2	1.2	1.6	0.0	0.0	0.3	1.7	88.1		15	38	32	15	439
下流	2744.3	47.4	0.2	5.2	1.0	0.2	0.1	0.7	0.1	2.6	8.2	11.9	1.2	13.8	0.4	0.1	1.9	4.5	83.3		13	6	66	15	384
烏川合流点より上流	7276.5	71.4	0.6	6.0	1.2	0.4	0.1	1.3	0.1	4.3	2.6	3.5	1.0	4.5	0.2	0.0	0.6	2.3	120.5		14	27	46	13	416
下流	771.2	14.9	0.0	1.7	0.2	0.2	0.0	0.0	0.0	0.9	15.5	28.0	2.6	24.3	0.3	0.2	3.7	7.3	50.9		20	9	17	54	494
赤谷川	190.1	80.2	1.3	5.0	1.1	0.4	0.0	4.7	0.1	1.7	0.7	1.1	0.0	0.0	0.0	0.9	29.4	110.9	2	46	40	12			498
相俣ダムより上流	111.6	88.9	0.2	1.1	0.8	0.3	0.0	2.5	0.0	4.9	0.0	0.0	0.0	0.0	0.0	0.0	1.1	17.7			4	52	44	0	557
下流	78.5	62.7	2.9	10.6	1.4	0.4	0.0	4.4	0.1	2.5	4.1	1.4	2.6	0.0	0.0	0.6	0.7	11.7			0	39	32	29	414
薄根川	189.2	71.8	1.6	4.2	1.0	0.3	0.0	1.3	0.0	4.3	3.7	4.6	1.2	4.3	0.0	0.0	1.1	3.0	24.5	106.0	18	38	33	11	435
片品川	673.1	82.8	0.2	2.7	0.4	0.3	0.0	0.8	0.0	4.6	4.7	0.8	0.8	0.8	0.0	0.0	0.3	1.8	63.0	102.4	21	63	5	11	457
薗原ダムより上流	490.8	87.4	0.5	2.7	0.4	0.2	0.0	0.7	0.0	4.6	0.6	0.3	0.3	0.3	0.0	0.0	0.3	1.9	45.5			24	76	1	0	467
下流	182.3	70.4	0.1	1.2	0.1	0.0	0.0	0.6	0.0	3.8	15.6	1.9	2.2	0.1	0.0	1.3	17.5			13	28	18	41		429
吾妻川	1364.6	75.0	0.7	8.2	1.8	0.5	0.0	1.6	0.1	4.6	0.8	1.5	2.0	1.4	0.0	0.0	0.3	1.4	74.9	83.2	13	34	48	18	389
八ッ場ダムより上流	717.2	74.4	0.2	8.0	1.2	0.7	0.0	2.4	0.1	4.6	0.2	1.9	3.1	1.3	0.0	0.0	0.3	1.5	31.5			0	32	42	26	408
下流	647.4	75.8	1.2	8.5	2.4	0.3	0.1	0.7	0.1	4.6	1.5	1.0	0.9	1.5	0.0	0.0	0.3	1.3	43.4			13	45	55	10	367
烏川	1799.6	64.2	0.2	6.4	1.1	0.4	0.2	1.3	0.1	3.9	4.6	4.9	1.6	0.0	0.0	0.0	1.0	3.0	58.9	50.9	13	67	5	6	375
碓氷川	296.6	60.8	0.2	9.0	1.9	0.4	0.1	4.3	0.1	1.8	4.5	5.4	1.5	5.7	0.0	0.0	0.2	1.9	29.4	69.1	1	17	82	0	284
鏑川	636.1	69.4	0.0	7.5	0.8	0.4	0.1	0.7	0.1	4.2	2.8	5.6	0.3	4.3	0.2	0.0	1.2	2.2	57.3	60.7	21	1	78	0	377
神流川	410.6	82.2	0.0	3.3	0.5	0.2	0.0	1.9	0.0	4.6	0.7	1.2	0.2	0.4	0.0	0.0	0.3	3.2	82.9	54.5	16	1	83	0	493
下久保ダムより上流	323.7	87.9	0.0	2.7	0.2	0.1	0.0	1.9	0.0	4.8	0.0	0.0	0.0	0.0	0.0	0.0	1.6	59.8			2	1	97	0		534
下流	86.9	61.1	0.0	6.2	1.0	0.4	0.1	1.8	0.1	3.4	5.0	0.9	5.9	0.3	0.1	0.8	9.2	23.1			72	0	28	0		322
広瀬川	331.7	20.0	0.0	1.7	0.3	0.1	0.0	1.2	0.0	2.2	15.9	26.1	3.6	24.5	0.0	0.2	3.7	45.9	42.6	0	4	0	96			390
早川	87.0	3.3	0.0	1.0	0.1	0.0	0.0	0.8	0.0	1.0	12.8	43.5	0.4	31.6	0.0	0.0	4.7	1.5	31.2	34.9	0	46	0	54	123
小山川	180.4	21.1	0.0	1.8	0.2	0.1	0.0	0.8	0.0	1.1	14.1	28.0	3.4	21.4	0.0	0.0	3.6	2.7	37.4	34.9	56	0	23	21	185
石田川	106.6	7.6	0.1	1.0	0.1	0.0	0.0	0.0	0.0	0.5	20.8	31.2	1.0	30.7	0.0	0.5	4.4	1.1	15.3	31.5	0	38	62	0	135

註：1) 位置が合流点より上流の場合、合流する川を含む。
2) 面積率（％）は、小数点以下2桁で四捨五入。
3) 地形図の川（％）は、山や平地の土地利用と同列。
4) 幹川の長さ（km）は、利根川本流の場合、本流と渡良瀬川合流点からの長さ。支川の場合、支川本流との合流点からの長さ。
5) 支川の位置は、本流と渡良瀬川合流点からの距離。
6) 山の起伏量（m）は、分割の起伏量の平均値。
7) 山の地質は、1＝貫入火成岩と変成岩、2＝熔岩、3＝堆積岩、4＝砕屑物。
8) 長さと距離の単位は、kmである。
9) 土地利用−山の一般道は林内一般道路の略、高速道は高速道路の略。

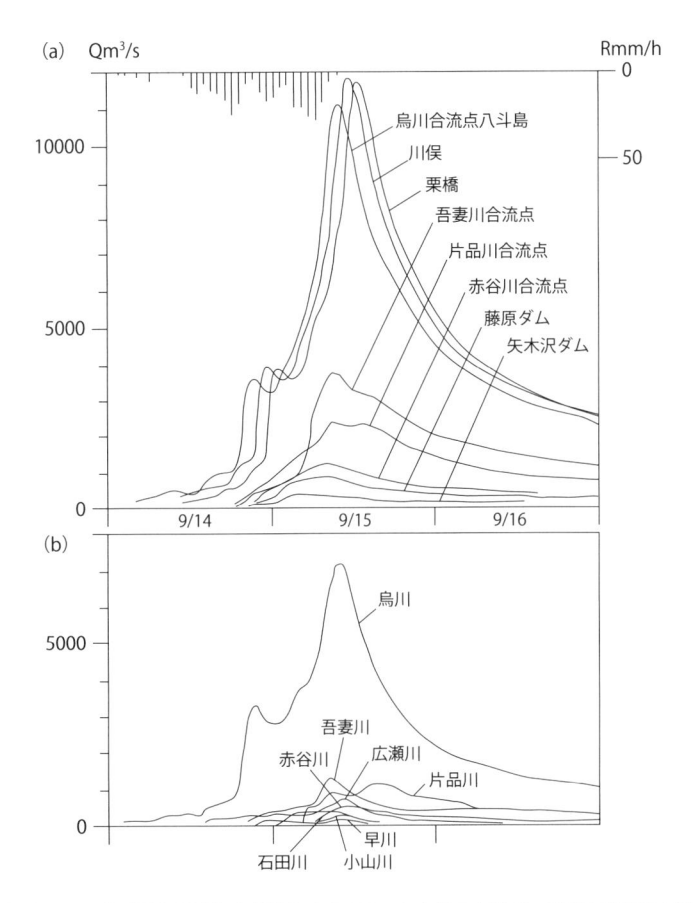

図-19 1947年（昭和22年）9月発生のカスリーン台風の大雨が、現在の利根川上流域に降ったとした場合に生じる大水の分割法による計算。雨量分布は、流域全体の平均値を示す。左縦目盛は流量（Qm³/s）、右縦目盛は雨量（Rmm/h）を示す。

にしかならなかった。

以上のような計算を行うことは、他の方法では望めない。

12　小さな川からどんな大きな川まで適用出来る

1）大きな川への適用について

　分割法の基礎モデルは、"下流にある過程は上流の過程の影響を与えない、すなわち上流の過程は下流の過程に対して独立である"ということを前提にして組み立てられて

いる。この前提が成り立つ川でありさえすれば、分割法は、どんな大きな川にも適用出来る。

2) 小さな川への適用について

　分割法の計算プログラムにおいては、前正時から正時までの1時間に降る雨は、この間一様な強度で降るものとしている。しかし、実際の雨の降雨強度は絶えず変化しているものであって、この仮定は、川が大きくなるに連れて妥当なものになっていき、小さくなるに連れて川の流れの実態から外れていくことになる。ある降雨強度の雨が変化せずに降り続くと仮定出来る最長時間は、レーダ観測から精々3分間と考えられる。したがって、小さな川に関して有意の計算を行う為には、最長3分間雨量データを入力する必要があろう。分割法の基本計算時間間隔は1秒間であるので、短時間雨量データの取得の問題が解決出来るのであれば、どんな小さな川に対しても合理的に対応出来る。

13　水文データの無い川に適用出来る

　川の流れの量を計算しようとする川に関して、降った雨と代表地点の川の流れの量の両者が分かっている場合、この川を水文データの有る川と一般に呼ぶ。雨量はわかっているが代表地点の川の流れの量が無い流域を水文データの無い川と表現する。両方共わかっていない場合、水文データの全然無い川というような呼び方をする。

　今、一般に、広く行われている計算法では、その方法が有する各係数の値は水文データの有る川における代表地点の川の流れの量の再現計算から試算で求められるようになっている。すなわち、基本的に、水文データの有る川でなければ適用出来ない方法である、と言えよう。

　これに対して、分割法による計算は、全ての係数が理論的に決められるようになっているから、適用する川が水文データの有る川であるか否か問題にする必要は、無い。すなわち、水文データの無い川に、容易に適用出来る方法である。

14　モデルの修正や追加が自由に出来る

　第Ⅱ部の図-7（132頁）は、分割における降雨の流出の全体過程が横細長四角の中に書かれた名前の流出の要素によって構成されている状況を示したものである。

　例えば、最上段に位置する蒸発発散の要素のモデル化においては、可能蒸発発散量の算定式としてHamon式が用いられている。この式を採用した理由は、この式が最も簡単な式であり、より精密な式と比較しても結果に大差が生じないためである。しかし、Hamon式では満足出来ない状況が生じた場合、別のもっと精密な式を採用すればよい。

　また、例えば、分割法の基礎モデルでは、区間の川に流入した雨水は全量が次の区間の川に流入していく、ことを想定している。しかし、区間の川が扇状地を流れている場

合、大きな伏流が生じ、分割外に川の流れが相当量漏れ出ていってしまうことを考慮に入れなければならなくなることが起こる。この場合、区間の河道の要素の後に伏流の要素を追加すればよい。

　分割法のプログラムはC言語を用いて関数で組み立てられているから、モデルの修正や追加、そして改良が楽に出来る。

15　計算の中を見ること、説明責任を果たすことが出来る

　分割法の計算プログラムは、公開されている。すなわち、計算の仕方は誰にでも分かる方法である。また、計算データは、全て帳票を用いて入力するようになっている。すなわち、計算の中身が目で見えるようになっている。

　これ等のことから、どのような計算を行って、どのような結果が得られているかということを、きちんと説明出来る。

16　短期間と長期間の区別なく計算が出来る

　大水をもたらす大雨の降り始めから、大水が普段の川の流れ、すなわち平水に戻るまでの間の川の流れの量を計算することをここでは短期間の計算と呼ぶ。二つ以上の季節にまたがる長期間の川の流れの量の計算を長期間の計算と呼ぶ。

　長期間の川の流れは、平水の流れの上に時々起こる大水の流れが乗る形になるため、それぞれを別々に計算しておいて、後から足し合わせるという計算方法がよく取られる。すなわち、この場合、短期間と長期間の計算のための二つのモデルが準備されなければならない。これに対して、分割法の基礎のモデルであるマルチ・タンク・モデルは、短期間と長期間の区別なく計算を行う。例えば、図-14（92・93頁）の計算結果図の計算は、長期間の計算結果の例とは言い難いが、1ヵ月間の計算を行っている。

　ただし、マルチ・タンク・モデルは、降雪・積雪・融雪による流出現象をモデルに組み込んでいないため、分割法は暖候期しか計算期間の対象にしていない。

17　計算開始時の川の状態を的確に計算に導入出来る

　分割法による流出計算の開始時点は、川の流れが大水でない、すなわち平水状態であれば何時でもよい。この時点の計算する川の最下流地点の人工の流れでない自然の流れの量と山の急な傾斜の中腹部の山林下の土層の土の湿りの不足量を計算開始条件として与える。

　人工でない自然の流れの量とは、現代の平水時の川の流れは、発電のための取水・放水、各種用水の取水、利水のための貯水池への貯水と貯水池からの補給、農業用水の使

用残の川への還流、下水処理水の放流等が重なって、何も行われていない自然状態の流れから著しく変わっている可能性が強いので、それを元に戻す必要から出た言葉である。それが必要な主な理由は、自然状態の川の平水の流れの源が主として山林で覆われた山からのおそい地下水の流れであるので、計算開始時の山の地下水層の地下水の貯留量を初期値として与えるためには、人工の流れでない自然の流れの量のデータがどうしても必要になるためである。

　自然の流れの量の値が小さければ、山の地下水層の地下水の貯留量が少なく、大雨が降っても地下水の川への流れ込み量は、なかなか増えない。逆であれば、山からの地下水の川への流れ込み量は、すぐに増加に転じる。

　山林下の土層の土の湿りの不足量は優に200 mm以上に達し得る。南西日本の夏季においては、山林土層から1日5 mm程度の水分が蒸発発散により失われる。例えば、30日間降雨がなければ、少なくとも150 mmの土の湿りの不足が生じていることになる。この状態で大雨が降り始めたとすると、累加雨量が少なくとも150 mmに達するまでは、山林下では有効雨量が発生しないことになる。しかし、例えば土の湿りの不足量が30mmを出発点とすると、累加雨量が30 mmに達した時点で有効雨量が発生し、"すぐ"そして"すみやか"な地下水の川への出方をする地帯からたちまち地下水の流れが川に流れ出ることになる。すなわち、山林下の土層の土の湿りの不足量が的確に与えられない計算法など、存在の意味が無い、とも言える。

　河川改修事業のための設計大水を計算する場合、計算開始時の山林下の土層の土の湿りの不足量と自然の川の流れの量の取り方如何によって設計量が大きく左右される。

18　大雨が降って大水が出た時、川のどの地点で大水が溢れ、洪水になるか計算出来る

　マルチ・タンク・モデルでは、堤防がある区間の川を第II部の図-1（117頁）の溢流頂のある疑似非線形タンクで表している。そして、分割法のプログラムは、このタンクの溢流頂から大水が溢流を開始した時刻を知らせるようになっている。プログラムでは、区間の川に流れ込んだ量と河道が流すことが出来る最大量の差が堤内に流れ込み、残りはそのまま下流に向け流れていく、すなわち破堤が起こることを考えていない。しかし、溢流量とその継続時間から破堤に至る過程をプログラムに組み込めば、堤防からの溢水が始まり、破堤によって起こる洪水を計算出来る。

第Ⅱ部　基礎モデル

第1章　モデル組み立ての基礎

1　分割法の基礎モデル

　図-1参照。分割法の基礎モデルを流出計算マルチ・タンク・モデル（Multi-Tank-Model for Runoff）と呼ぶ。その呼び名の由来は、川の流域で起きる降雨の流出現象と流出過程を各種の理論タンクのみを用いて表していることからきている。

2　分割

1）計算水系

　流出計算マルチ・タンク・モデル（以下マルチ・タンク・モデル）は、国土地理院発行の2万5千分の1の地形図（以下地形図）を読み取って計算データを得ることを主体にして組み立てられている。

　図-2参照。マルチ・タンク・モデルは、地形図に表されている"かわ"を川と呼んでいる。そして、地形図に表されていない"かわ"を各土地の排水路とその他の川に分けている。各土地の排水路は、第1章6で挙げている各形態の土地から流れ出て、その他の川に流れ込む細流である。その他の川を、山の山腹から流れ出てくる谷川と平地で始まる小川に分けている。

　川につながっている湖・池・沼等の水面を総称して湖と呼んでいる。湖は、川の一種で、流れていない川と考える。地形図上で川につながっていない池・沼等の水面を静水面と呼ぶ。

　川のただ一地点の流量を計算しようとする場合はその地点から上流の川の連なり、川の複数の地点で流量を計算しようとする場合はそれ等の最下流の地点より上流の川の連なりを水系と呼ぶ。

2）水系の区切り点と区間

　川の始まり点、川の合流点、川の分流点、湖の出口の地点、湖への川の流入点、水系の最下流地点を基本区切り点と呼ぶ。基本区切り点で水系を区切った後、出来た区間の長さが上流から見て1 kmを超えた場合に打つ1 kmごとの地点を追加区切り点と呼ぶ。ただし、最後の長さが0.3 km未満の場合は、追加区切りを終える。水系の基本区切り点と追加区切り点の両方を区切り点と呼び、隣り合う区切り点で出来た区切り区間を水系の区間と呼ぶ。

　特に、川の始まり点から次の区切り点までの区間を川の始まりの区間と呼ぶ。水系の最下流の地点から直ぐ上流の区切り点までの区間を最下流の区間と呼ぶ。

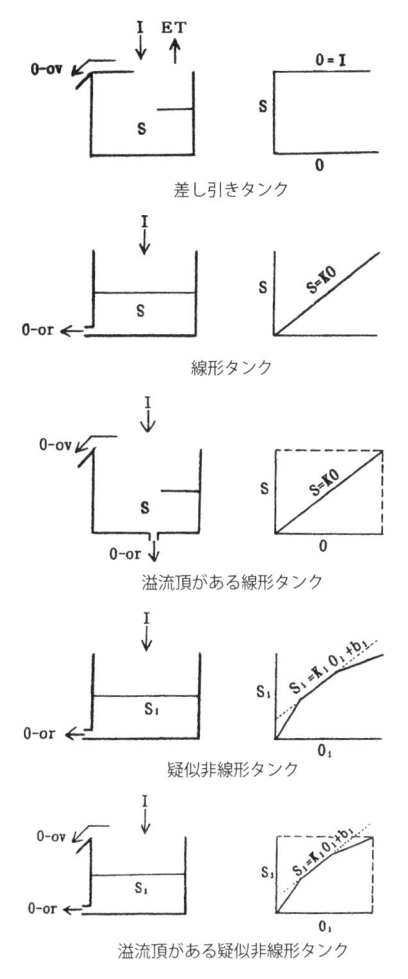

図-1 マルチ・タンク・モデルで使われている理論タンク（岡本芳美「流出計算マルチ・タンク・モデルに基づく分割法について（Ⅰ）」『水利科学』320，日本治山治水協会，2011）

3) 水系の本流
　水系の本流は、最下流の区間から数えて、川の始まりの区間までの区間の数が一番多く、かつ川の始まりの区間が長い方の系統を言う。

4) 分割
　図-3参照。地形図上で、地形からのみ、川の始まり点と各区間に雨水が流れ込む区

図-2　2万5千分の1地形図上の川

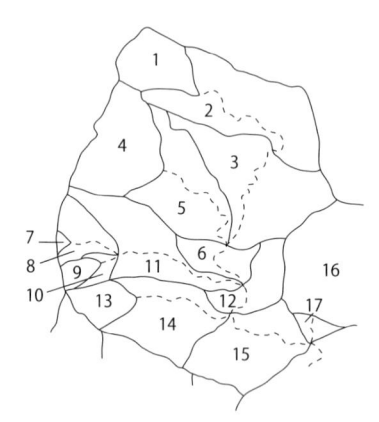

図-3　流域の分割

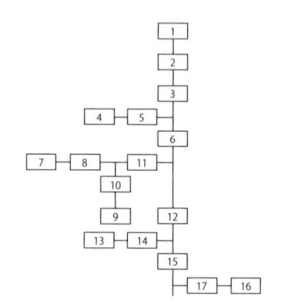

図-4　水系構成

域を決定する。そして、この区域を分割と呼ぶ。また、普通湖には川が流れ込んでおり、湖岸は流れ込む川で分割されている。分割された湖岸に雨水が流れ込む区域も分割の一種である。湖岸の内側の水面も分割として扱う。

　分割を全部合わせたものを水系の流域と呼ぶ。すなわち、流域を構成する分割は、基本的に川の始まり点の分割と各中間の区間の分割、湖の湖岸沿いの分割、そして湖の水面だけの分割の四種類から成る。前二者を上流端の分割、中間の分割と呼ぶ。後二者を湖の岸の分割、湖の分割と呼ぶ。

5) 分割の出口と入り口
　川の始まり点を上流端の分割の出口と呼ぶ。中間の分割の場合、区間の上流端を入り口、下流端を出口と呼ぶ。

6) 分割の名前
　水系の本流の上流端の分割に1番という名前を与え、順次、各分割に合流の状況に併せて一連番号を振り、それを分割の名前とする。

7) 水系の構成図
　図-4参照。水系の本流を樹木の幹になぞらえて中心に置き、分割を横長四角で表し、短い連絡線を用いて、流域が分割で構成されている状況を絵に描いたものを水系の構成図と呼ぶ。

3　分割の地形

1) 分割の地形の種類
　分割の地形は、山・平地・湖・川により構成されている、とする。

2) 山
　山地は、山の多い土地を言う。丘は山の低いものを言う。山地は山ばかりでなく、山と山の間に細長い平地がある。すなわち、山地は、主として山と平地から成る。山の頂上と麓の中間の斜面を山腹と言う。

3) 平地
　平地は基本的に、川沿いの、高さが川と似たような、そのあたり一帯が起伏が少なく大体が平らであると見なせる土地、とする。そして、山麓、段丘、扇状地や谷間も平地とする。

4) 川
　しばしば起きる普通の出水の時、流水が乗る土地、とする。

5) 湖
　地形図に表された川が流れ込み川が流れ出る、または流れ込む川は無いが流れ出る川がある広い水面を湖、とする。

4　分割の地層の構成

1) 山

　図-5 (a) 参照。山の山腹は、表面を薄い土壌層で一様に覆われている。その下にそう厚くない土層があって、その下は節理による割れ目が開いている浅い地下の基盤岩層と節理による割れ目が閉じている深い地下の基盤岩層がある。薄い土壌層の下の土層は、山頂部は局部的に厚く、対照的に山腹部は、個々の山に関しては、一様な厚さになっている。山脚部は、谷川に接している所では山腹部と同様な厚さのことが多い。上の方から土が落ちてきて堆積しているような所では、相当厚いことが多い。

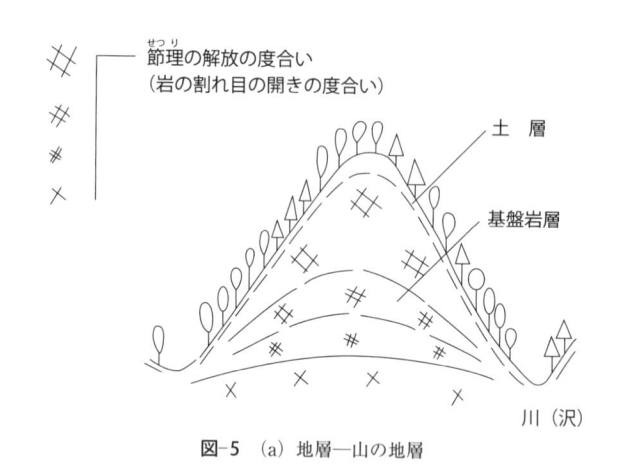

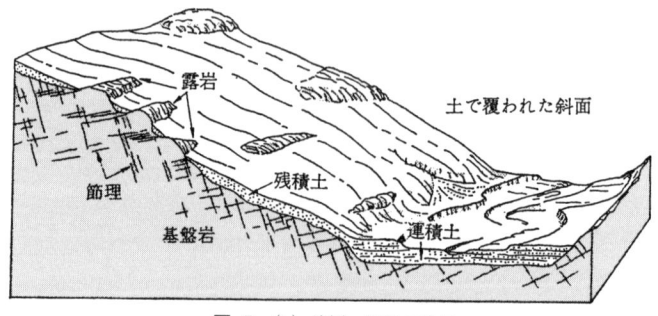

図-5 (a) 地層—山の地層

図-5 (b) 地層—平地の地層

基盤岩上の土層——山腹の残積土層はその下の基盤岩層から生じているのに対し，谷底の運積土層は水流により運ばれて来ている。

(Strahler, A. N. : "Physical Geography", John Wiley & Sons, Imc.1969)

2）平地

　図-5（b）参照。平地の浅い地層は、基本的に、表土層と粗い～細かい～非常に細かい未固結の砕屑物の地層により構成されている、とする。深い地下の地層は、基盤岩層になっている、とする。

　粗い砕屑物の地層においては、地表面から近い所に地下水面が形成されているものとする。砕屑物が非常に細かくなると、地下水面は存在しない、ものとする。

5　分割の山の地質

　流域の地質の分布に関しては、旧国土庁（当初は旧経済企画庁）が整備した都道府県別の20万分の1の土地分類図の中の表層地質図を基礎資料にして、山の本体の地質を次のように分類している。

A　貫入火成岩と変成岩
B　熔岩
C　堆積岩
D　砕屑物

6　分割の土地の形態

　分割は次の形態から成る土地によって構成されている、とする。

A　山の
　1　林
　2　水田
　3　畑
　4　市街
　5　林の中の一般道路と鉄道
　6　高速道路
　7　露岩
　8　静水面
　9　荒廃林地
　10　谷川の流れと岸（谷川の面）
B　平地の
　11　水田
　12　畑

13　林
　　14　市街
　　15　高速道路
　　16　静水面
　　17　崖
　　18　野原
　　19　小川の流れと岸（小川の面）
C　湖の
　　20　水面
D　川の
　　21　水面と河原（川の面）

　A-10の"谷川の流れと岸"を以後、谷川の面と呼ぶ。同様に、B-19の"小川の流れと岸"を小川の面、D-21の"川の水面と河原"を川の面と呼ぶ。

7　各土地の排水路とその他の川の長さ

　中間の分割を貫通して流れている川を区間の川と呼ぶ。区間の川の長さは、明らかである。しかし、各土地の排水路とその他の川の長さは、地形図上では不明である。
　そこで、上流端の分割の場合、分割の出口を中心とする半径Rの半円に置き換える。そして、半径Rの四分の一（R／4）を各土地の排水路の長さ、半径Rの半分（R／2）をその他の川の長さ、とする。
　中間の分割の場合は、右岸側と左岸側に分けて、片側の平均幅をBとし、その四分の一（B／4）を各土地の排水路の長さ、その半分（B／2）をその他の川の長さとする。
　湖の岸の分割の場合、面積を岸の長さで除して得られる平均幅の四分の一を各土地の排水路の長さ、半分をその他の川の長さ、とする。

8　各土地の排水路・その他の川・区間の川の流れの単純化

　各土地の排水路は、その他の川の上流端に流れ込む、ものとする。上流端の分割の場合、山と平地毎にその他の川である谷川と小川を持っている、ものとする。中間の分割の場合、左右岸別に、区間の川の上流端と下流端に向かう谷川と小川を持っている、ものとする。湖の岸の分割の場合、湖岸に向かう谷川と小川を持っている、ものとする。そして、各土地の排水路とその他の川は途中流入が無い、ものとする。すなわち、その各土地の排水路の上流端に各土地が集中してある、とする。
　区間の川の面の上半分は、上流端に集中している。同様に、下半分は、下流端に集中

している、ものとする。

　以上のような仮定を行うと、各土地の排水路とその他の川は、その最上流端に流れ込んできた雨水を、上流端の分割の場合その出口、中間の分割の場合は入り口と出口、湖の岸の分割の場合は湖岸に運ぶだけの単純な水路になる。区間の川は、中間の分割の入り口と出口、すなわち区間の川の上流端に流れてきた雨水を下流端に向け運ぶだけの単純な水路になる。

9　地下水の流れの単純化

　山の地下で生じる地下水の流れは谷川の上流端に流れ出るものとする。
　三角洲以外の平地で生じる地下水の流れは、小川の上流端に流れ出るものとする。
　三角洲の平地の場合、地下水は基本的に無い。ただし、微高地や埋め立て地の浅い地下では地下水流が発生し、それは、小川の上流端に流れ出る、ものとする。

10　流出計算の流れ

　マルチ・タンク・モデルで流量を計算するためにC言語でプログラムを書くとすると、図-4（118頁）の水系の構成図は、関数とその引数を用いて、以下のように表現される。ここで、括弧内の番号は、分割の呼び名の番号である。

上流端の分割（1）
合・分流なし（　）
中間の分割（2）
合・分流なし（　）
中間の分割（3）
上流端の分割（4）
合・分流なし（　）
中間の分割（5）
合流（2, 3, 5）
中間の分割（6）
上流端の分割（7）
　　⋮
　　⋮

　{上流端の分割（1）}は、1番の分割について、そこに降った雨から出口の流量を計算するよう指示している。すなわち、ここでの流出計算の実行を指示している。

|合・分流なし（　）|は、上流端の分割（1）と合流する分割がないことを示している。

　|中間の分割（2）|は、2番の分割に関する流出計算の実行を指示している。すなわち、直上流の上流端の1番の分割の出口からの流出量を中間の2番の分割の入り口に無条件に流入させた上で、2番の分割に降った雨から出口の流量を計算するよう指示している。

　|合・分流なし（　）|は、中間の分割（2）と合流する分割がないことを示している。

　|中間の分割（3）|は、3番の分割に関する流出計算の実行を指示している。すなわち、直上流の上流端の2番の分割の出口からの流出量を中間の3番の分割の入り口に無条件に流入させた上で、3番の分割に降った雨から出口の流量を計算するよう指示している。

　|上流端の分割（4）|は、4番の分割について、そこに降った雨から出口の流量を計算するよう指示している。すなわち、ここでの流出計算の実行を指示している。

　|合・分流なし（　）|は、一覧の4行目と同様。

　|中間の分割（5）|は、一覧の5行目と同様。

　|合流（2, 3, 5）|は、3番と5番という二つの中間の分割の出口からの流出量を無条件に足し合わすことを指示している。すなわち、この場合、合計量を次の6番の中間の分割の入り口に流入させる準備をするよう指示している。なお、ここで、引数の先頭の数字［2］は、二つの分割が合流していることを示している。三つの分割が合流する場合は、この数字が［3］になる。

　|中間の分割（6）|は、中間の分割である6番の分割に関する流出計算の実行を指示する。すなわち、直上流の3番と5番の中間の分割からの流出量を入り口に無条件に流入させた上で、この分割に降った雨から出口を計算するよう指示している。

　　︙
　　︙

　このように、マルチ・タンク・モデルは、いずれの場面においても、上流は下流の影響を絶対に受けない、すなわち"上流は下流に対して独立"である、として組み立てられている。

　なお、以上のような流出計算の流れは、プログラムにより自動生成される。

第2章　5種類の理論タンクとその計算方法

1　タンクの種類

図-1（117頁）参照。マルチ・タンク・モデルでは、次の3分類5種類の理論タンクが用いられている。

A　差し引きタンク
  1　溢流頂がある差し引きタンク
B　線形タンク
  2　溢流頂がない線形タンク
  3　溢流頂がある線形タンク
C　疑似非線形タンク
  4　溢流頂がない疑似非線形タンク
  5　溢流頂がある疑似非線形タンク

差し引きタンクは、差し引き計算だけでタンクの流出孔からの流出量を求める。
線形タンクは、タンクの流出孔からの流出量とタンクの貯留量の関係、すなわちタンクの貯留関係を表す式が原点を通る一本の直線である。
疑似非線形タンクは、タンクの貯留関係が直線の折れ線の連続である。
線形と疑似非線形のタンクは、連続式とタンクの貯留関係式を連立して解いて、タンクの流出孔からの流出量を求める。
タンクの計算時間間隔は、最小1秒間とし、状況により1時間の3600秒を除した値が整数になる値とする。

2　溢流頂がある差し引きタンク

溢流頂がある差し引きタンクは、雨水の損失の発生の過程を表すのに用いられる。単純な差し引き計算を行う。

3　溢流頂がない線形タンク

溢流頂がない線形タンクは、地下水の流れを表すのに用いられる。
溢流頂がない線形タンクは、その貯留量（S）と流出孔からの流出量（O）の関係が

原点を通る直線形の関係にあるタンクである。すなわち、貯留係数（K）を介して、次の貯留関係式が成り立つタンクである。

$$S = KO \tag{1}$$

時間間隔を Δt として、Δt 時間の始めと終わりのタンクへの流入強度、タンクからの流出強度、タンクの貯留量をそれぞれ $I_1 \cdot I_2$、$O_1 \cdot O_2$、$S_1 \cdot S_2$ とする。また、Δt の始めと終わりのタンクの貯留量の増減量 ΔS とする。Δt 時間中のタンクへの流入量とタンクからの流出量の差がタンクの貯留量の増減量になるから、次の式が成立する。これを連続式と呼ぶ。

$$\frac{I_1 + I_2}{2} \Delta t - \frac{O_1 + O_2}{2} \Delta t = \Delta S = S_2 - S_1 \tag{2}$$

いま、線形タンクでは、貯留関係式から次の関係が成り立つ。

$$S_1 = KO_1 \tag{3}$$
$$S_2 = KO_2 \tag{4}$$

これ等を連続式に代入する。

$$\frac{I_1 + I_2}{2} \Delta t - \frac{O_1 + O_2}{2} \Delta t = KO_2 - KO_1 \tag{5}$$

$I_1 \cdot I_2 \cdot O_1$ は既知数、O_2 が未知数であるから、この式を O_2 で解くと次の関係式が得られる。

$$O_2 = \frac{0.5 (I_1 + I_2) \Delta t - O_1 (K - 0.5 \Delta t)}{K + 0.5 \Delta t} \tag{6}$$

すなわち、上式を用いて、逐次、タンクからの流出量を計算する。

4　溢流頂がある線形タンク

溢流頂がある線形タンクは、雨水の地層中への滲透と降下の過程を表すのに用いられる。

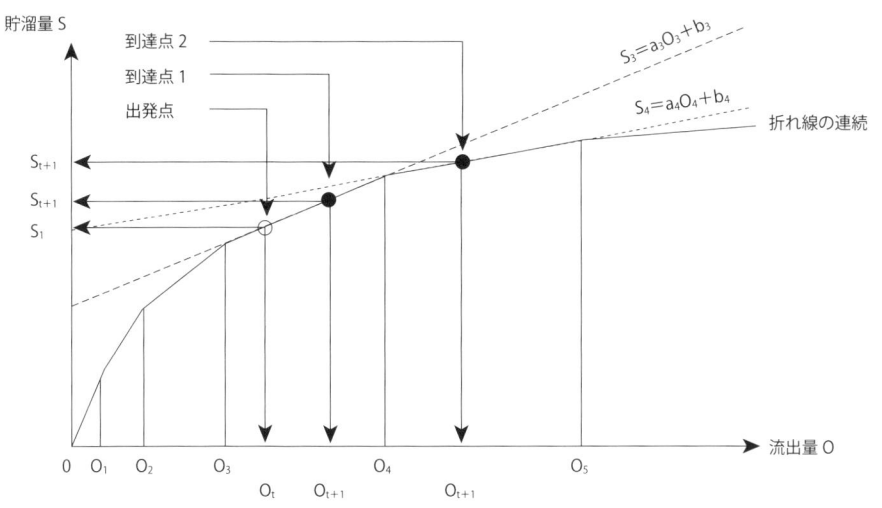

図-6　疑似非線形タンクの計算（この計算方法は土木研究所水越三郎によって考案された。記録された文献なし）。元図は『流出計算例題集2』（建設省水文研究会編，全日本建設技術協会，1971）にあり。

溢流頂がない線形タンクの計算と基本的に変わらない。溢流頂がある線形タンクの計算では、計算時間間隔を非常に短く取っているので、計算時間間隔の始まりではタンクの水位は溢流頂に達しておらず、途中で溢流頂に達する場合、そしてその逆の場合の計算は行わない。すなわち、タンクの縁を超えたならば、"タンクへの流入量＝タンクからの流出量"の計算に単純に切り替えられる。

5　溢流頂がない疑似非線形タンク

溢流頂がない疑似非線形タンクは、溢流や氾濫が起こらない河道の計算に用いられる。

図-6参照。溢流頂のない疑似非線形タンクは、直線の折れ線を次の式で表す。

$$S_i = a_i O + b_i \tag{7}$$

ここで、S_iは、タンクからの流出量OがO_iとO_{i+1}の間にある時のタンクの貯留関係を示す。a_iとb_iは、定数。

計算時間間隔Δtの始まりに $|_t|$、終わりに $|_{t+1}|$ と言う下添字を付ける。Δtの始まりと終わりのタンクへの流入強度、タンクからの流出強度、タンクの貯留量を各

$I_t \cdot I_{t+1}$、$O_t \cdot O_{t+1}$、$S_t \cdot S_{t+1}$ とする。

いま、例えば、$O_2 < O_t < O_3$ でかつ $O_2 < O_{t+1} < O_3$ であるとすると、連続式と貯留関係式から次の式が立てられる。

$$0.5\ (I_t + I_{t+1})\ \Delta t - 0.5\ (O_t + O_{t+1})\ \Delta t = S_{t+1} - S_t$$
$$= (a_2\ O_{t+1} + b_2) - (a_2\ O_t + b_2) \tag{8}$$

この式を解くと、この場合の O_{t+1} を求める式が得られる。

$$O_{t+1} = (0.5\ (I_t + I_{t+1}) + O_t\ ((a_2\ O/\ \Delta t) - 0.5))/((a_2/\Delta t) + 0.5) \tag{9}$$

次に、$O_2 < O_t < O_3$ でかつ $O_3 < O_{t+1} < O_4$ であるとすると、連続式と貯留関係式から次の式が立てられる。

$$0.5\ (I_t + I_{t+1})\ \Delta t - 0.5\ (O_t + O_{t+1})\ \Delta t = S_{t+1} - S_t$$
$$= (a_3\ O_{t+1} + b_3) - (a_2\ O_t + b_2) \tag{10}$$

この式を解くと、この場合の O_{t+1} を求める式が得られる。

$$O_{t+1} = (0.5\ (I_t + I_{t+1}) + O_t\ ((a_2\ O/\ \Delta t) - 0.5) + (b_2 - b_3)/\Delta t)$$
$$/ ((a_3/\Delta t) + 0.5) \tag{11}$$

また、$O_2 < O_t < O_3$ でかつ $O_1 < O_{t+1} < O_2$ であるとすると、同様にして、この場合の O_{t+1} を求める式が得られる。

$$O_{t+1} = (0.5\ (I_t + I_{t+1}) + O_t\ ((a_2\ O/\ \Delta t) - 0.5) + (b_2 - b_1)/\Delta t)$$
$$/ ((a_1/\Delta t) - 0.5) \tag{12}$$

以上に述べた方法を用いて O_{t+1} を計算をする場合、例えば、$O_2 < O_t < O_3$ の時 $O_4 < O_{t+1} < O_5$ にならないように、十分に短い計算時間間隔 Δt を取らなければならない。

6 溢流頂がある疑似非線形タンク

溢流頂がある疑似非線形タンクは、堤防があって溢流が起こる河道の計算に用いられる。

溢流頂がない疑似非線形タンクは、連続した直線の折れ線で表される貯留関係が、数学的に言えば、無限に伸びている。これに対して、溢流頂がある疑似非線形タンクは、この関係がある流量で終わるものである。

　溢流頂のある疑似非線形タンクの計算では、溢流頂のある線形タンクと同様に計算時間間隔を非常に短く取っているので、計算時間間隔の始まりではタンクの水位は溢流頂に達しておらず、途中で溢流頂に達する場合、そしてその逆の場合の計算は行わない。すなわち、タンクの水位を超えたならば、"タンクへの流入量＝タンクからの流出量"の計算に単純に切り替えられる。

第3章　要素モデルによる全体モデルの組み立て

図-7参照。分割における［降雨の流出の全体の過程］を［大気の過程］［地表面付近と排水路の過程］［地下の中間層の過程］［地下水層の過程］［その他の川の河道の過程］［区間の川の河道の過程］に分割した上で、以下の1～29の降雨の流出の要素過程に細分割する。

これ等の細分割されて出来た要素過程を、概念化した上で、数値計算が出来るように数値モデル化したものを要素モデルと呼ぶ。すなわち、下の項目の左側は要素過程名、右側はこれを要素モデル化した時のモデル名を表す。そして、これ等の要素モデルの集まりを全体モデルと呼ぶ。

　　　（要素過程）　　　　　　　　　　　（要素モデル）
A　大気の過程
　1　降雨の過程　　　　　　　　　　　降雨モデル
　2　蒸発発散の過程　　　　　　　　　蒸発発散モデル
B　地表面付近と排水路の過程
　3　山の谷川の面の過程　　　　　　　山の谷川の面モデル
　4　山の林の過程　　　　　　　　　　山の林モデル
　5　山の水田の過程　　　　　　　　　山の水田モデル
　6　山の畑の過程　　　　　　　　　　山の畑モデル
　7　山の市街の過程　　　　　　　　　山の市街モデル
　8　山の林の中の道路の過程　　　　　山の林の道路モデル
　9　山の高速道路の過程　　　　　　　山の高速道路モデル
　10　山の露岩の過程　　　　　　　　　山の露岩モデル
　11　山の荒廃林地の過程　　　　　　　山の荒廃林地モデル
　12　山の静水面の過程　　　　　　　　山の静水面モデル
　13　平地の小川の面の過程　　　　　　平地の小川の面モデル
　14　平地の水田の過程　　　　　　　　平地の水田モデル
　15　平地の畑の過程　　　　　　　　　平地の畑モデル
　16　平地の林の過程　　　　　　　　　平地の林モデル
　17　平地の市街の過程　　　　　　　　平地の市街モデル
　18　平地の高速道路の過程　　　　　　平地の高速道路モデル
　19　平地の崖の過程　　　　　　　　　平地の崖モデル
　20　平地の静水面の過程　　　　　　　平地の静水面モデル

21	平地の野原の過程	平地の野原モデル
22	湖の水面の過程	湖の水面モデル
23	区間の川の面の過程	区間の川の面モデル
C	地下の中間層の過程	
24	山の中間層の過程	山の中間層モデル
D	地下水層の過程	
25	山の地下水層の過程	山の地下水層モデル
26	平地の地下水層の過程	平地の地下水層モデル
E	その他の川の河道の過程	
27	山の谷川の河道の過程	山の谷川の河道モデル
28	平地の小川の河道の過程	平地の小川の河道モデル
F	区間の川の河道の過程	
29	区間の川の河道の過程	区間の川の河道モデル

　図-7は、ここに掲げた29の要素モデルから11・21・22番のモデルを除いた残りが上流端や中間の全体のモデルを構成している状況を示す全体モデル図である。
　図-4（118頁）で例示された水系構成図の一本線で描かれている横長四角形のそれぞれが図-7の上流端の分割や中間の分割の全体モデル図に相当することになる。

図-7 全体モデル図

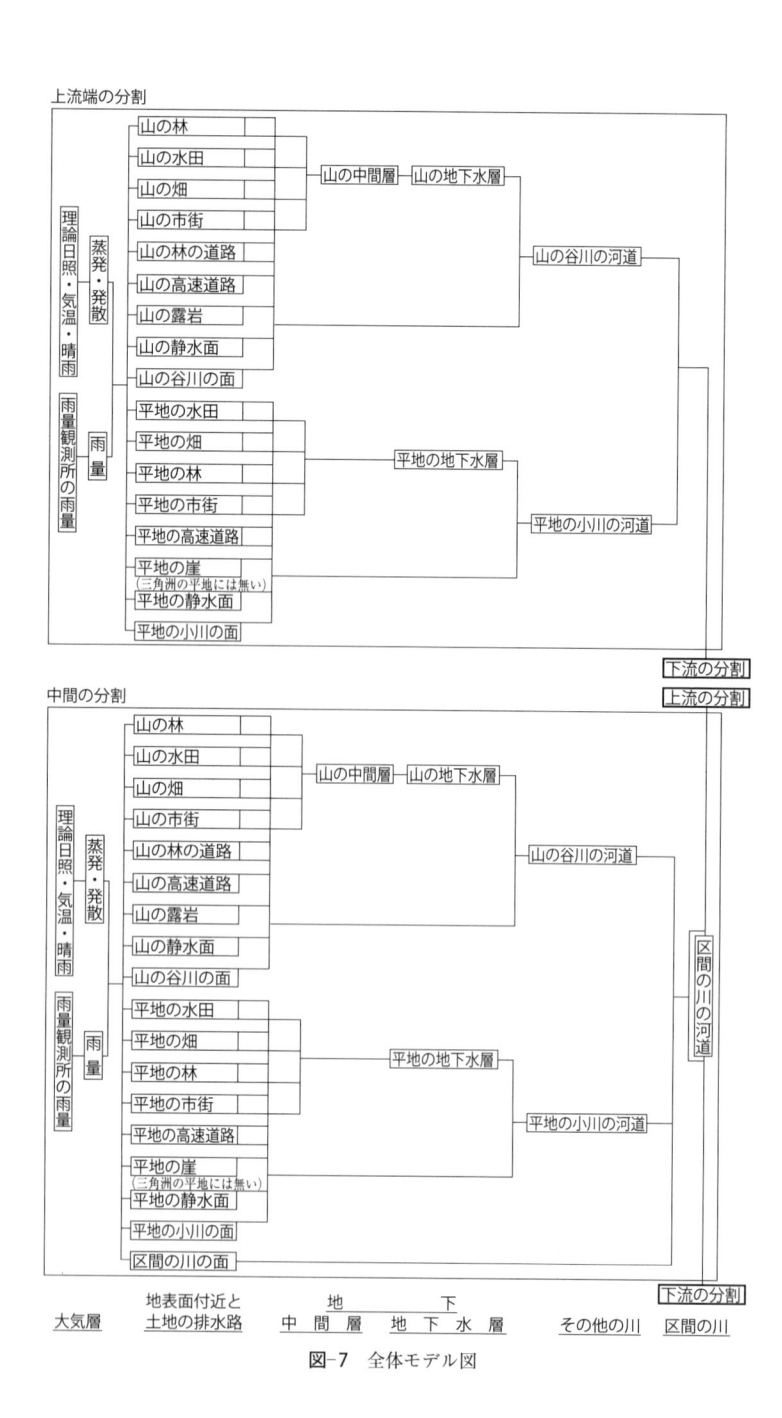

第 4 章　要素モデルの全容

1　降雨モデル

1) 地点雨量
　流域に降った雨から、分割に降る雨の量を決めるのが降雨モデルの役割である。

　雨量計の口径は、20 cm であることを前提とする。流域内の 1 地点で観測された雨量を地点雨量と呼ぶ。

　雨量計は、受水器の縁の高さが設置されている面から 1 m 以上になっていることを前提にする。

2) 地点雨量の補正
　雨量計の設置の仕方に応じて、測定された雨量を次の値の環境補正係数を用いて、零をベースにして、累加的に補正する。

a　環境補正係数
　1　有効な風よけが付けられていない　　　　　　　　　　　8%
　2　風の陰に入っている　　　　　　　　　　　　　　　　　8%
　3　一般の建物の平らな屋上に直接設置されている　　　　　8%
　4　雨量観測専用の小さな建物の平らな屋上に直接設置されている　8%
　5　雨量計のすぐ隣に電力・通信用の太い柱が立てられている　8%

　ここで、地面が地物に囲まれていて、地面を吹く風の強さが地物の上空の風より弱くなっている地面を風の陰になっている場所、すなわち風の陰と呼ぶ。

　雨量計に有効な風よけが付けられていないとした場合の環境補正係数は 0 + 8 = 8（%）、加えて雨量観測専用の小さな建物の平らな屋上に設置されているとした場合の環境補正係数は、0 + 8 + 8 = 16（%）になる。

3) 分割の雨量

(1) 分割の雨量
　分割の図心に一番近い雨量観測所の 1 時間降雨量（前正時から当正時までの 1 時間の降雨量）がその分割の中に、地域的、時間的に均一に降る、とする。これを分割の降雨量と呼ぶ。一番近い雨量観測所が欠測の場合は二番目に近い雨量観測所、二番目に近い雨量観測所が欠測の場合は三番目、というように常に一番近い所で観測された降雨量が分割に降る、とする。

(2) 分割の雨量の高度による補正

雨量は、標高が高くなっていくに連れて多くなる、と仮定する。分割の雨量を一番近い雨量観測所の雨量から推定した後、両者の標高差に応じて補正する。

分割の代表標高は山の最高標高とする。分割に山がない場合は、分割の出口の標高が代表標高になる。

分割の代表標高とデータがある一番近い雨量観測所の標高の差に高度差補正係数を乗じて高度差補正量とする。

b 高度差補正係数　　　　　　　　　　　　　　　　　　　　　　　　0〜0.1

4) 日雨量計データの扱い

最近では、雨量計と言えばそれは時間雨量計のことである。しかし、近年までは、雨量計は日雨量計であったり時間雨量計であったりして、両者が混在していた。相当古い時代には、雨量計は日雨量計であることが普通で、特別な地点のみ時間雨量計であった。また、時間雨量計には必ず日雨量計が併設されていた。したがって、以前は日雨量計のことを普通雨量計と呼んだ訳である。マルチ・タンク・モデルにおいては、日雨量計と時間雨量計が混在する場合、次の扱いをする。

雨量観測地点に日雨量データしか無い場合、時間雨量を観測している一番近い地点の1日の間の時間雨量の分布率を求め、日雨量データにその時間雨量分布率を乗じて日雨量データを時間雨量データに変換する。

2 蒸発発散モデル

1) 蒸発発散モデルの役割

可能蒸発発散量算定式を利用して、分割で1日間（当日の午前9時から翌日の午前9時まで）に流域全体として起こり得る蒸発発散量、すなわち日可能蒸発発散量を算定する。次に、天候を考慮しながら、これを1日の各時間の受持分に配分する。そして、さらに、これを各土地に配分する、のが蒸発発散モデルの役割である。

もし、各土地毎の可能蒸発発散量算定式が得られるようになれば、ここで言う蒸発発散モデルは、不要になる。

2) 蒸発発散モデル

(1) 利用する可能蒸発発散量算定式

可能蒸発発散量算定式としてHamon式を利用する。計算結果は第Ⅰ部表-8（50頁）。

［月平均日可能蒸発発散量（PE）（mm/day）］は、［緯度で決まる月平均理論日可照時間（D）（12時間＝1）］の自乗と［月平均気温（℃）の温度の大気の単位体積当たり

の飽和水蒸気量〔Pt〕〔g/m³〕］の積に比例する、として導かれたのが Hamon 式である。次の通り。

$$PE = 0.14D^2 Pt \tag{13}$$

(2) 日可能蒸発発散量
月平均気温の代わりに日平均気温を Hamon 式に入力し、得られた月平均日可能蒸発発散量をその日の日可能蒸発発散量とする。

(3) 時間配分
全ての種類の水面においては、1 日中、すなわち 24 時間中平均して蒸発発散が起こる、とする。すなわち、日可能蒸発発散量を 24 で割って、全ての種類の水面の 1 時間可能蒸発発散量、とする。

全ての種類の水面以外の土地においては、日中、すなわち午前 6 時より夕方 6 時までの間の 12 時間で平均して蒸発と発散が起こる、とする。すなわち、各土地の日可能蒸発発散量を 12 で割って、この間の全ての種類の水面以外の土地の 1 時間可能蒸発発散量、とする。

(4) 天候の影響
降雨の無い時間は、以上の 1 時間可能蒸発発散量をそのまま 1 時間可能蒸発発散量とする。降雨がある時間は、半分を 1 時間可能蒸発発散量とする。

(5) 土地配分
時間可能蒸発発散量に次の土地にかかわる蒸発発散量係数を乗じて、最終的に、各土地の 1 時間中の可能蒸発発散量とする。

3) モデルの係数
土地に係わる蒸発発散係数は、土地毎に異なった値になり得るはずである。しかし、今の段階ではそれぞれの取るべき値を決められないので、全土地に関し次の値の一定値とする。

a　土地に係わる蒸発発散係数　　　　　　　　　　　　　　　　　　　　100％

3　山の谷川の面モデル

1) 流出過程の概念化
(1) 山の谷川の場所
図-8 参照。山の谷川の面は、基盤岩層が筋状に露出していて、平水時においてはその極一部だけが流水面になっている場所、とする。

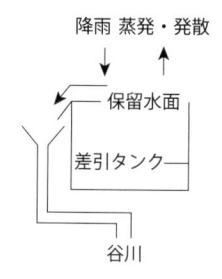

図-8　山の谷川の面モデル

(2) 流出過程
　雨の降らない日が続くと、流水面でない岩盤の表面は、蒸発発散により乾ききっている。雨が降り始めると、雨水は、岩盤の表面を濡らしながら、岩盤表面の窪みに向け流れていって、そこに溜まる。雨水が、岩盤の表面を濡らし終えた後は、直ちに谷川の流れになる。
　流水面に降った雨は直ちに谷川の流れになるとする。
2) モデルの係数
　次の係数を有している。

a　谷川の面に係わる蒸発発散係数	100%
b　面積率　起伏量（m）600〜	20%
400〜600	15%
200〜400	10%
100〜200	10%
50〜100	10%
〜50	10%
c　保留水深	2 mm

3) タンクによるモデル化
　溢流頂がある差し引きタンクで表す。
4) タンクの寸法の計算
　次の式で計算する。

$$\text{溢流頂がある差し引きタンクの深さ（mm）} = \text{保留水深（mm）} \tag{14}$$

図-9 山の林モデル

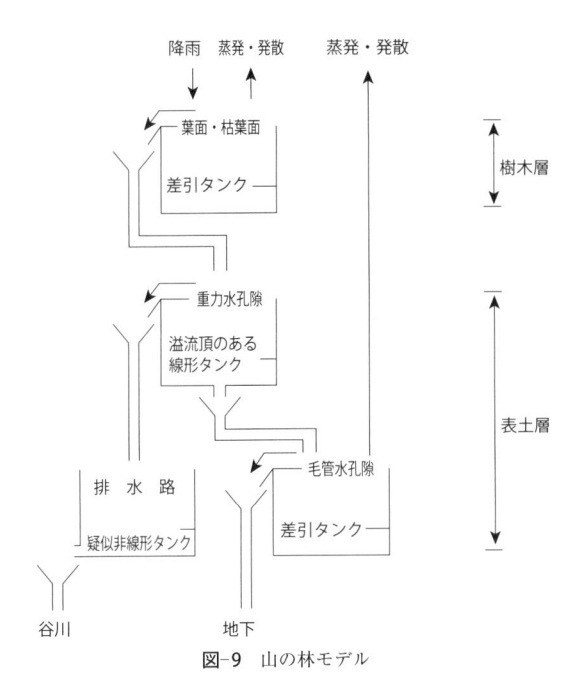

4 山の林モデル

1) 山の林を構成する各層
(1) 山の林の地面から上の層と下の層
　図-9参照。山の林は、地面から上の層と下の層に大きく分けられる。地面から上の層を樹木層、下の層を地層と呼ぶ。なお、地面を覆う枯れ葉の層は、樹木層の一部と見なす。
(2) 樹木層
　山の林は、樹木で完全に覆われている、すなわち裸地は無い、とする。雨滴は、最初に樹木の葉・枝・幹のいずれかに必ず当たり、次に水滴となって地面を覆う落ち葉の上に必ず落下し、直接地面に落ちることは無い、ものとする。
(3) 地層
　山の林の地層は、山の表土層と山の基盤岩層に分けられる。
(4) 表土層
　表土層に含まれる水は、吸湿水、毛管水、重力水に分けられる。吸湿水は、土の粒子に非常に強い力で結び付いた水で、毛管力や重力では動かせない。毛管水は、毛管力に

よって動かすことが出来る水である。重力水は、表土層から重力によって排水出来る水である。表土層の中に毛管水が入り得る隙間を毛管水孔隙、その量を毛管水孔隙量、それが表土層に占める割合を毛管水孔隙量係数と呼ぶ。同様に、重力水に関して、重力水孔隙、重力水孔隙量、重力水孔隙量係数と呼ぶ。

山の表土層は、さらに上層土層と下層土層に分けられる。上層土層はA層とB層に分けられ、下層土層はC層と呼ばれる。その下の基盤岩層は、D層と呼ばれる。B層の土は一見粘土で、毛管水孔隙が無いのがA層やC層との違いである。

上層土層の厚さは、山腹のどこでも同じである、とする。

下層土層の厚さは、図-5（a）（120頁）参照、山頂部分が一番大きく、下っていって山腹の傾斜が段々きつくなるに連れて小さくなり、傾斜が一様になると一様な厚さの層に変わる。山脚に近付くと、厚さがそのままであったり、大きくなったり、場所に応じて変わる。しかし、山頂と山脚部分が山腹全体に対して占める割合はそう大きくないから、下層土層の厚さは、山腹全体を通して見ると一様な厚さである、とする。

上層と下層の土層を併せた表土層の厚さは、山腹の傾斜が急な所でもそこが山林ならば1mはある。傾斜が緩やかであれば2mにもなる。

山林を構成している樹木が表土層中に根を張る深さ、すなわち樹根層の厚さは、山の表土層の厚さと同じ、とする。

(5) 基盤岩の特性

山の基盤岩層は、図-5（a）（120頁）参照、一塊（ひとかたまり）の岩でなく、"節理"による割れ目で分けられた無数の岩の集合体である。節理による基盤岩層の割れ目の隙間は、地表面に近い所ほど大きく、深くなるにしたがって小さくなって、さらに深い所は閉じている。

山の基盤岩層の表面、すなわち基盤岩層の表土層に接する部分は、節理による割れ目が特に大きく開いていて、表土層を通過してきた雨水を全部その中に滲透させる能力を持っている。

2) 流出過程

雨が降らないと、山の樹木層では、降雨の最中に樹木の葉・枝・幹と地面の上の枯れ葉の表面を濡らしていた雨水は、蒸発して、無くなっていく。

雨が降り始めると、雨水は、樹木の葉・枝・幹の表面を濡らし始め、濡らし終えると、地面を覆う枯れ葉層に向け大粒の水滴になって落下していく。

枯れ葉層に落下した水滴は、枯れ葉を濡らしながら、地面に到達する。

山の地層では、雨の降らない日が続くと、上層土層のA層と下層土層のC層の毛管水孔隙の中に入っている雨水は、樹木の蒸発発散作用による毛管力で吸い上げられ、失われていき、毛管水孔隙の空の部分が増えていく。

雨が降り始めると、雨水は、地表面から土壌層のA層の重力水孔隙の中に入りながら、空になっている毛管水孔隙の中にさらに入っていく。

A層の重力水孔隙を通り抜けた雨水は、土壌層のB層の重力水孔隙に入る。

B層の重力水孔隙を通り抜けた雨水は、C層の重力水孔隙の中に入りながら、空になっている毛管水孔隙の中に入っていく。

C層の重力水孔隙を通り抜けた雨水は、D層の基盤岩層の開いた割れ目の中に入っていって、さらに地下の地下水層に向け降下していく。

ここで、A層の土壌層の重力水孔隙の中に入りながらB層の重力水孔隙の中に入り切れないでB層を通過出来なかった雨水は、A層の重力水孔隙を埋めながら地表面に表れ、地表流になって短い時間で山の林の排水路に流れ込み、そこを流れて谷川の河道に流れ込む。

B層は、一見粘土層である。普通の粘土層では、毛管水孔隙と重力水孔隙は無い。しかし、山のB層の粘土層が雨水を滲透させ得るのは、貫通する木の根が腐って出来た重力水孔隙がパイプ状に粘土層を貫いて分布しているからである。加えてC層は細かい砂層のような土層であるから滲透能力は極めて高く、C層がB層からの雨水を受け入れられないというような事態は起こらない。

D層の基盤岩層の滲透能力は極めて大きいので、A・B・C層から成る表土層を通過してD層の基盤岩層に到達した雨水が基盤岩層の中に滲透出来ないというようなことは、起こらない。

3) モデルの係数
(1) 樹木層
次の係数を有している。

a	樹木層に係わる蒸発発散係数	100%
b	遮断量	2 mm

(2) 表土層
次の係数を有している。

c	表土層に係わる蒸発発散係数	100%
d	A層の厚さ	100 mm
e	B層の厚さ	200 mm
f	樹根層の厚さ	2000 mm
g	A層の毛管水孔隙量係数	20%
h	A層の重力水孔隙量係数	30%
i	A層の最終滲透能力	400 mm/hr
j	C層の毛管水孔隙量係数	30%

(3) 排水路
次の係数を有している。

k	長さ	その他の川の長さの半分 m
l	集水面積	km^2
m	高水と中水の境目（臨界）の比流量	1 m^3/s/km^2
n	中水と低水の境目（臨界）の比流量	0.1 m^3/s/km^2
o	高水時の流下速度	0.5 m/s
p	低水時の流下速度	0.05 m/s

4) タンクによるモデル化
図-9参照。
樹木層を溢流頂がある差し引きタンクで表す。
表土層のA層の重力水孔隙を溢流頂がある線形タンクで表す。
表土層のA層とC層の毛管水孔隙を溢流頂がある差し引きタンクで表す。
排水路を貯留関係が直線の折れ線の連続になる疑似非線形タンクで表す。

5) タンクの寸法の計算

(1) 樹木層
次の式で計算する。

溢流頂がある差し引きタンクの深さ（mm）＝遮断量（mm）　　　　　　　　　　(15)

(2) 表土層
次の式で計算する。

溢流頂がある線形タンクの深さ（mm）
　　　＝A層の厚さ（mm）× A層の重力水孔隙量係数（％）× 0.01　　　　(16)
溢流頂がある線形タンクの貯溜係数（hr）
　　　＝溢流頂がある線形タンクの深さ（mm）/A層の最終滲透能力（mm/hr）　(17)
溢流頂がある差し引きタンクの深さ（mm）
　　　＝A層の厚さ（mm）× A層の毛管水孔隙量係数（％）× 0.01 ＋
　　　（樹根層 － A層 － B層）（mm）× C層の毛管水孔隙量係数（％）× 0.01　(18)

(3) 排水路
〈1〉流れの状態の分類
排水路の流れの状態を次の5つに分類する。

低水（vl）
低中水（lf）
中中水（mf）
高中水（hf）
高水（vh）

低中水、中中水、高中水をまとめて中水と呼ぶ。

〈2〉臨界比流量

各流れの状態の臨界の比流量を、たとえば hf と vh の臨界比流量ならば Sdc_hf_ch_mt というように表して、次の計算式で計算する。

Sdc_hf_ch_mt ＝高水と中水の臨界比流量×
　　　　　　((中水と低水の臨界比流量／高水と中水の臨界比流量)$^{1/3})^{0}$　　(19)
Sdc_mf_ch_mt ＝高水と中水の臨界比流量×
　　　　　　((中水と低水の臨界比流量／高水と中水の臨界比流量)$^{1/3})^{1}$　　(20)
Sdc_lf_ch_mt ＝高水と中水の臨界比流量×
　　　　　　((中水と低水の臨界比流量／高水と中水の臨界比流量)$^{1/3})^{2}$　　(21)
Sdc_vl_ch_mt ＝高水と中水の臨界比流量×
　　　　　　((中水と低水の臨界比流量／高水と中水の臨界比流量)$^{1/3})^{3}$　　(22)

〈3〉臨界流量

各流れの状態の臨界流量を、たとえば hf と vh の臨界流量ならば Lim_hf_ch_mt というように表して、次の計算式で計算する。

高中水と高水の臨界流量　＝ Lim_hf_ch_mt ＝集水面積× Sdc_hf_ch_mt　　(23)
中中水と高中水の臨界流量＝ Lim_mf_ch_mt ＝集水面積× Sdc_mf_ch_mt　　(24)
低中水と中中水の臨界流量＝ Lim_lf_ch_mt ＝集水面積× Sdc_lf_ch_mt　　(25)
低水と低中水の臨界流量　＝ Lim_vl_ch_mt ＝集水面積× Sdc_vl_ch_mt　　(26)

〈4〉流速

各流れの状態で発生する流速を、たとえば vh の流速ならば Vel_vh_ch_mt というように表して、次の計算式で計算する。

Vel_vh_ch_mt ＝高水時の流下速度×
　　　　　　((低水時の流下速度／高水時の流下速度)$^{1/4})^{0}$　　(27)
Vel_hf_ch_mt ＝高水時の流下速度×

$$((低水時の流下速度/高水時の流下速度)^{1/4})^1 \quad (28)$$

Vel_mf_ch_mt = 高水時の流下速度×
$$((低水時の流下速度/高水時の流下速度)^{1/4})^2 \quad (29)$$

Vel_lf_ch_mt = 高水時の流下速度×
$$((低水時の流下速度/高水時の流下速度)^{1/4})^3 \quad (30)$$

Vel_vl_ch_mt = 高水時の流下速度×
$$((低水時の流下速度/高水時の流下速度)^{1/4})^4 \quad (31)$$

〈5〉 河道通過時間

各流れの状態で流れが排水路を通過するのに要する時間を、たとえば vh の通過時間ならば Dur_vh_ch_mt というように表して、次の計算式で計算する。

Dur_vh_ch_mt = 排水路の長さ /Vel_vh_ch_mt　　　　　(32)
Dur_hf_ch_mt = 排水路の長さ /Vel_hf_ch_mt　　　　　(33)
Dur_mf_ch_mt = 排水路の長さ /Vel_mf_ch_mt　　　　　(34)
Dur_lf_ch_mt = 排水路の長さ /Vel_lf_ch_mt　　　　　(35)
Dur_vl_ch_mt = 排水路の長さ /Vel_vl_ch_mt　　　　　(36)

〈6〉 臨界河道貯留量

各臨界状態に対応する河道貯留量を、次の計算式で計算する。

低水と低中水の臨界流量に対応する河道貯留量 =
　　　　Dur_vl_ch_mt × (Lim_vl_ch_mt-0)　　　　　(37)
低中水と中中水の臨界流量に対応する河道貯留量 =
　　　　低水と低中水の臨界流量に対応する河道貯留量 +
　　　　Dur_lf_ch_mt × (Lim_lf_ch_mt － Lim_vl_ch_mt)　　(38)
中中水と高中水の臨界流量に対応する河道貯留量 =
　　　　低中水と中中水の臨界流量に対応する河道貯留量 +
　　　　Dur_mf_ch_mt × (Lim_mf_ch_mt － Lim_lf_ch_mt)　　(39)
高中水と高水の臨界流量に対応する河道貯留量 =
　　　　中中水と高中水の臨界流量に対応する河道貯留量 +
　　　　Dur_hf_ch_mt × (Lim_hf_ch_mt － Lim_mf_ch_mt)　　(40)

〈7〉 直線の折れ線の連続の貯留関係の作成

以上により求められたの臨界流量と対応する臨界河道貯留量から図-6 (127頁) に示すような直線の折れ線の連続の貯留関係が得られる。

5 山の水田モデル

1）流出過程の概念化
（1）山の水田の地層
　図-10 参照。山の水田の地層は、表土層と基盤岩層に分けられる。表土層は、さらに代掻層と下層土層に分けられる。代掻層は、表土層が代掻の時、耕し起こされて作られる層である。
　下層土層の上部は、水田の水を基盤岩層になるべく滲透させないように堅く固めた人工の土層になっている。

（2）用水期間中の流出過程
　この期間の水田は、常に水位が一定に保たれている池である。
　水田は、田面からの蒸発発散量に相当する水量の補充を常に谷川から受ける。
　水田の水は、下層土層に滲透していく。そして、この水量に相当する水量の補充を常に谷川から受ける。下層土層に滲透した水田の水は、そこを通過して、さらに全部基盤岩層に滲透する。
　降雨は、田面の貯溜作用を受けながら排水路に流れ込み、谷川に向け流れていく、とする。

（3）非用水期間中の流出過程
　落水すると、代掻層中の重力水孔隙を満たしていた水は、下層土層を通って、基盤岩層に滲透していって、極短い期間で無くなる。
　雨の降らない日が続くと、蒸発発散により代掻層中の毛管水孔隙を満たしていた水が失われて、毛管水孔隙の空の部分が生じ始める。
　雨が降り始めると、雨水は、代掻層の重力水孔隙に入りながら、代掻層の毛管水孔隙の空の部分に入る。代掻層の毛管水孔隙を満たし終えた雨水は、さらに下層土層を通って、基盤岩層に滲透する。代掻層に滲透し切れない分が生じると田面に溜まり始め、田面の貯溜作用を受けながら排水路に流れ込み、谷川に向け流れていく、とする。

2）モデルの係数
　次の係数を有している。

a	山の水田に係わる蒸発発散係数	100％
b	用水取水期間（代掻から落水まで）	4月15日〜9月10日
c	代掻層の厚さ	300 mm
d	毛管水孔隙量係数	25％
e	重力水孔隙量係数	25％
f	最終滲透能力	50 mm/d
g	田面の広さ	500 m^2

図-10 山の水田モデル

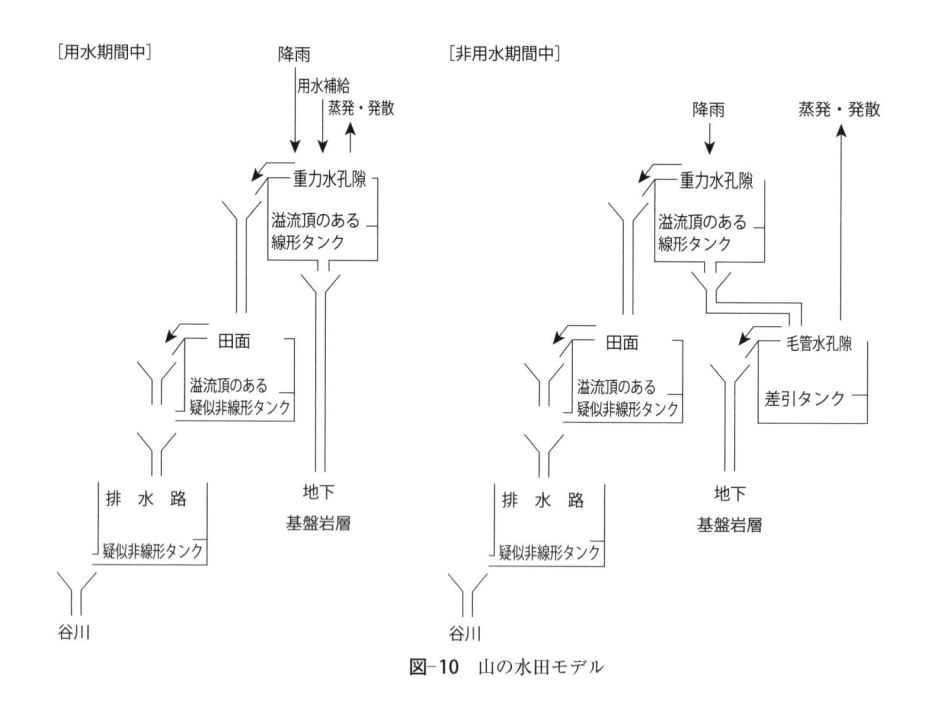

h	水尻の幅	400 mm
i	水尻の堰の高さ	30 mm
j	畦畔の高さ	150 mm
k	排水路の長さ	その他の川の長さの半分 m
l	集水面積	km^2
m	高水と中水との境目(臨界)の比流量	1 m^3/s/km^2
n	中水と低水との境目(臨界)の比流量	0.1 m^3/s/km^2
o	高水時の流下速度	2 m/s
p	低水時の流下速度	0.2 m/s

用水取水期間や田圃の広さは、地方によって異なる。ここで掲げた数値は、一例である。

3) タンクによるモデル化

代掻層の重力水孔隙を溢流頂のある線形タンクで表す。

代掻層の毛管水孔隙を溢流頂がある差し引きタンクで表す。

田面を溢流頂のある疑似非線形タンクで表す。

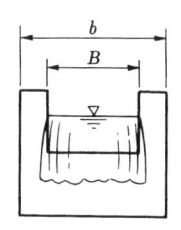

図-11 四角堰
(『応用水理学』岩崎敏夫、技報堂出版、1991年)

排水路を溢流頂の無い疑似非線形タンクで表す。

4) タンクの寸法の計算
(1) 田面
次の式で計算する。

溢流頂のある線形タンクの深さ（mm）＝代掻層の厚さ（mm）×
　　　代掻層の耕起層の重力水孔隙量係数（％）× 0.01　　　　　(41)

溢流頂のある線形タンクの貯溜係数（hr）＝溢流頂のある線形タンクの
　　　深さ（mm）／代掻層の最終滲透能力（mm/hr）　　　　　(42)

溢流頂のある差し引きタンクの深さ（mm）＝代掻層耕起層の厚さ（mm）×
　　　代掻層の毛管水孔隙量係数（％）× 0.01　　　　　(43)

溢流頂がある疑似非線形タンクの貯溜関係は、四角堰の板谷・手島公式を用いて計算する。板谷・手島公式は、図-11 参照、次の通り。

$$Q = CBh_0^{2/3} \tag{44}$$

$$C = 1.785 + \frac{0.00295}{h_0} + 0.237\frac{h_0}{D} - 0.428\sqrt{\frac{(b-B)h_0}{bD}} + 0.034\sqrt{\frac{b}{Dd}} \tag{45}$$

この式の適用範囲は、$0.5\,\mathrm{m} \leq b \leq 6.3$、$0.15\,\mathrm{m} \leq B \leq 5\,\mathrm{m}$、$0.15 \leq D \leq 3.5$、$BD/b^2 \geq 0.06$、$0.03 \leq h_0 \leq 0.45\sqrt{B}$ である。すなわち、h_0 が 0.03 m 未満の値の場合のこの式の計算精度は保証されていない。

(2) 排水路
計算の仕方は、山の林の排水路と同様。

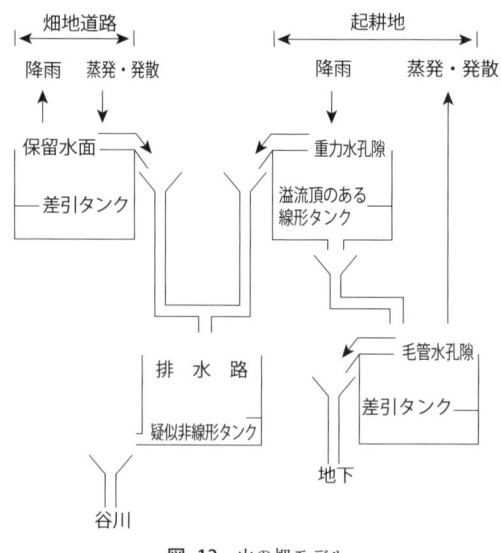

図-12　山の畑モデル

6　山の畑モデル

1) 流出過程の概念化
(1) 耕起地と畑地道路
　図-12参照。山の畑地は、作物を植えるため耕されている場所である耕起地とその中の道である畑地道路によって構成される。畑地道路は、踏み分け道から舗装された一般道路と同じものまで多様であるが、舗装されていると同等の状態である、とする。
(2) 山の畑の地層
　山の畑の地層は、表土層と基盤岩層に分けられる。表土層は、さらに耕し起こされて畝が立てられた畝立層と下層土層に分けられる。
(3) 畑地道路の流出過程
　雨が降らない日が続くと、蒸発発散で路面は、乾ききっている。
　雨が降り始めると、雨水は、路面を濡らしながら、流れていって、極短い時間で排水路に流れ込み、谷川に向け流れていく、とする。
(4) 耕起地の流出過程
　雨の降らない日が続くと、畝立層の毛管水孔隙の中に入っている水は、蒸発発散作用で失われていく。そして、毛管水孔隙の空の部分が増えていく。
　雨が降り始めると、雨水は、畝立層の重力水孔隙に入り、そこから毛管水孔隙の空の

部分に入り、空だった部分を満たしていく。

　畝立層の毛管水孔隙の空の部分を全部満たし終えた後に重力水孔隙に入った雨水は、下層土層に向け滲透していく。下層土層に滲透した雨水は、そこを通過して、さらに基盤岩層に滲透していく。畝立層の最終滲透能力を超えた雨水の分は、畝間に流れ出て、そこを流れ、極短い時間で排水路に流れ込み、谷川に向け流れていく、とする。

2) モデルの係数

(1) 畑地道路
次の係数を有している。

a	面積率	小規模畑地	3%
		中規模畑地	2%
		大規模畑地	1%
b	保留水深		1 mm

(2) 耕起地
次の係数を有している。

c	畝立層の厚さ	300 mm
d	毛管水孔隙量係数	30%
e	重力水孔隙量係数	20%
f	最終滲透能力	50 mm/hr

(3) 排水路
次の係数を有している。

g	排水路の長さ	その他の川の長さの半分 m
h	集水面積	km^2
i	高水と中水との境目（臨界）の比流量	$1\ m^3/s/km^2$
j	中水と低水との境目（臨界）の比流量	$0.1\ m^3/s/km^2$
k	高水時の流下速度	1 m/s
l	低水時の流下速度	0.1 m/s

(4) 全体
次の係数を有している。

m	山の畑に係わる蒸発発散係数	100%

3) タンクによるモデル化
道路表面を溢流頂がある差し引きタンクで表す。
畝立層の重力水孔隙を溢流頂がある線形タンクで表す。
畝立層の毛管水孔隙を溢流頂がある差し引きタンクで表す。
排水路を溢流頂の無い疑似非線形タンクで表す。
4) タンクの寸法の計算
　(1) 畑地道路
　次の式で計算する。

溢流頂のある差し引きタンクの深さ（mm）＝保留水深（mm） 　　　　　　　(46)

　(2) 耕起地
　次の式で計算する。

溢流頂のある線形タンクの深さ（mm）＝畝立層の厚さ（mm）×
　　　　　畝立層の重力水孔隙量係数（％）× 0.01 　　　　　　　　　　　　(47)
溢流頂のある線形タンクの貯留係数（hr）＝溢流頂のある線形タンクの
　　　　　深さ（mm）／畝立層の最終滲透能力（mm/hr） 　　　　　　　　(48)
溢流頂のある差し引きタンクの深さ（mm）＝畝立層の厚さ（mm）×
　　　　　畝立層の毛管水孔隙量係数（％）× 0.01 　　　　　　　　　　　　(49)

　(3) 排水路
　計算の仕方は、山の林の排水路と同様。

7　山の市街モデル

1) 流出過程の概念化
　(1) 舗装地と非舗装地
　図-13参照。市街は、舗装地と非舗装地に分けられる。非舗装地は、地面が舗装されていなくて、草が生えることが出来る場所である。舗装地は、舗装された道、建物が立っている場所である。
　(2) 非舗装地の地層
　非舗装地の地層は、表土層と基盤岩層に分けられる。さらに、表土層は、草が根を張る範囲、すなわち草根層と下層土層に分けられる。
　(3) 舗装地の流出過程
　雨の降らない日が続くと、蒸発散作用により、舗装面は乾ききっている。

雨が降り始めると、雨水は、舗装面を濡らしながら、そして濡らし終わると極短い時間で排水路に流れ込み、谷川に向け流れていく、とする。

(4) 非舗装地の流出過程

雨の降らない日が続くと、草根層の毛管水孔隙の中に入っている水は、蒸発発散作用で失われていく。そして、毛管水孔隙が空の部分が増えていく。

雨が降り始めると、雨水は、草根層の重力水孔隙に入りながら、草根層の毛管水孔隙の空の部分に入り、空の部分を満たしていく。毛管水孔隙の空の部分を全部満たし終えた後、雨水は、草根層から下層土層に浸透していく。そして、さらに基盤岩層に浸透していく。

草根層の最終浸透能力を超えた雨水の分は、地表面を流れ、極短い時間で排水路に流れ込み、谷川に向け流れていく、とする。

2) モデルの係数

(1) 舗装地

次の係数を持つ。

a	面積率	密集建物街	80%
		散在建物街	50
		居住街	30
		点在建物街	20
		学校	30
b	保留水深		1 mm

(2) 非舗装地

次の係数を持つ。

c	草根層の厚さ		300 mm
d	毛管水孔隙量係数		30%
e	重力水孔隙量係数		20%
f	最終浸透能力	密集建物街	10 mm/hr
		散在建物街	20
		居住街	30
		点在建物街	20
		学校	10

(3) 排水路

次の係数を有している。

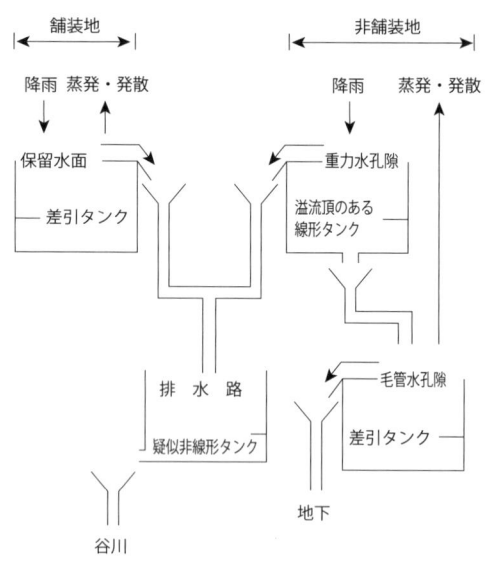

図-13 山の市街モデル

g	排水路の長さ	その他の川の長さの半分 m
h	集水面積	km^2
i	高水と中水との境目（臨界）の比流量	1 m^3/s/km^2
j	中水と低水との境目（臨界）の比流量	0.1 m^3/s/km^2
k	高水時の流下速度	2 m/s
l	低水時の流下速度	0.2 m/s

(4) 全体
次の係数を持つ。

m　山の市街に係わる蒸発発散量係数　　　　　　　　　　　　　　　100%

3) タンクによるモデル化
舗装面を溢流頂のある差し引きタンクで表す。
草根層の重力水孔隙を溢流頂がある線形タンクで表す。
草根層の毛管水孔隙を溢流頂のある差し引きタンクで表す。
排水路を溢流頂の無い疑似非線形タンクで表す。

4) タンクの寸法の計算
(1) 舗装地
次の式で計算する。

溢流頂のある差し引きタンクの深さ (mm) = 保留水深 (mm)   (50)

(2) 非舗装地
次の式で計算する。

溢流頂のある線形タンクの深さ (mm)
= 草根層の厚さ (mm) × 草根層の重力水孔隙量係数   (51)
溢流頂のある線形タンクの貯留係数 (hr)
= 溢流頂のある線形タンクの深さ (mm) / 草根層の最終浸透能力 (mm/hr)   (52)
溢流頂のある差し引きタンクの深さ (mm)
= 草根層の厚さ (mm) × 草根層の毛管水孔隙量係数 (%) × 0.01   (53)

(3) 排水路
計算の仕方は、山の林の排水路と同様。

8 山の林の道路モデル
1) 流出過程の概念化
(1) 山の林の道路
図-14 参照。山の林の道路は、高速道路を除いた、林の中の全ての道路を含む。また、鉄道も道路に等価換算して含める。道路敷は、全面舗装面とする。
(2) 流出過程
雨が降らない日が続くと、蒸発発散で舗装面は、乾ききっている。

雨が降り始めると、降雨量と蒸発発散量の差の雨水は、舗装面を濡らしながら、流れていって、極短い時間で排水路に流れ込み、谷川に向け流れていく、とする。

2) モデルの係数
次の係数を持つ。

a	道路敷に係わる蒸発発散係数	100%
b	の保留水深	2 mm
c	排水路の長さ	その他の川の長さの半分 m
d	集水面積	km^2

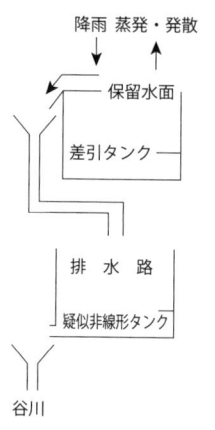

図-14 山の林の道路モデル

e	高水と中水との境目（臨界）の比流量	$1 \text{ m}^3/\text{s}/\text{km}^2$
f	中水と低水との境目（臨界）の比流量	$0.1 \text{ m}^3/\text{s}/\text{km}^2$
g	高水時の流下速度	2 m/s
h	低水時の流下速度	0.2 m/s

3) タンクによるモデル化

道路敷を溢流頂がある差し引きタンクで表す。
排水路を溢流頂の無い疑似非線形タンクで表す。

4) タンクの寸法の計算

道路敷については、次の式で寸法を計算する。

$$\text{溢流頂のある差し引きタンクの深さ（mm）} = \text{保留水深（mm）} \tag{54}$$

排水路については、山の林の排水路と同様。

9　山の高速道路モデル

1）流出過程の概念化
（1）山の高速道路
図-14参照。山の高速道路は、車の走行面のみならず、サービスエリア、パーキングエリア、インターチェンジ、側道等の全施設を含む。高速道路敷は、全面舗装面とする。
（2）流出過程
山の道路と同様。

2）モデルの係数
次の係数を持つ。

a	道路敷に係わる蒸発発散係数	100%
b	の保留水深	1 mm
c	排水路の長さ	その他の川の長さの半分 m
d	集水面積	km^2
e	高水と中水との境目（臨界）の比流量	1 m^3/s/km^2
f	中水と低水との境目（臨界）の比流量	0.1 m^3/s/km^2
g	高水時の流下速度	2 m/s
	低水時の流下速度	0.2 m/s

3）タンクによるモデル化
道路敷を溢流頂がある差し引きタンクで表す。
排水路を溢流頂の無い疑似非線形タンクで表す。

4）タンクの寸法の計算
道路敷については、次の式で寸法を計算する。

$$\text{溢流頂のある差し引きタンクの深さ（mm）} = \text{保留水深（mm）} \tag{55}$$

排水路については、山の林の排水路と同様。

10　山の露岩モデル

1）流出過程の概念化
図-15参照。雨の降らない日が続くと、蒸発発散で露岩表面は、乾ききっている。雨が降り始めると、雨水は、露岩表面を濡らしながら、流れていって、極短い時間で

図-15 山の露岩モデル

排水路に流れ込み、谷川に向け流れていく、とする。

2) モデルの係数

次の係数を持つ。

a	露岩に係わる蒸発発散量係数	100%
b	の保留水深	2 mm
c	排水路の長さ	その他の川の長さの半分 m
d	集水面積	km^2
e	高水と中水との境目（臨界）の比流量	1 m^3/s/km^2
f	中水と低水との境目（臨界）の比流量	0.1 m^3/s/km^2
g	高水時の流下速度	2 m/s
h	低水時の流下速度	0.2 m/s

3) タンクによるモデル化

露岩の面を溢流頂がある差し引きタンクで表す。
排水路を溢流頂の無い疑似非線形タンクで表す。

4) タンクの寸法の計算

露岩の面については、次の式で寸法を計算する。

$$\text{溢流頂のある差し引きタンクの深さ（mm）} = \text{保留水深（mm）} \tag{56}$$

排水路については、山の林の排水路と同様。

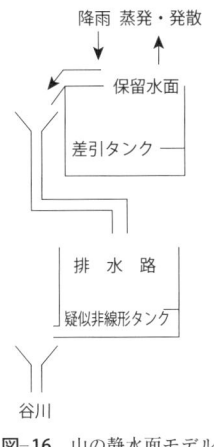

図-16 山の静水面モデル

11 山の荒廃林地モデル

　山の荒廃林地は、山林の皆伐や乱伐のため地表面が攪乱され、表土層のA層が亡失し、B層が露出してしまったような土地である。この荒廃林地は、植林や山腹砂防をすることにより段々と元の山林に戻っていく。すなわち、他の山の土地と違って定常的な状態が無いので、状況に臨機に応じる必要があり、一般的なモデルを組み立てることは、行わない。

12 山の静水面モデル

1) 流出過程の概念化
(1) 静水面
　図-16参照。山の静水面は、無限大の深さをしていて、底からの水漏れも湧水も起こらない、とする。また、周囲からの雨水の流入は無い、とする。
(2) 流出過程
　雨が降らない日が続くと、蒸発発散作用により、水面は下がっていく。
　雨が降り始めると、雨水が水面に溜まっていって、やがて水面の縁を超える。その後の雨水は、直ちに排水路に流れ込み、谷川に向け流れていく、とする。
2) モデルの係数
　次の係数を持つ。

a　静水面に係わる蒸発発散量係数　　　　　　　　　　　　　　　　　　　　100%

b	の水深	9999 mm
c	排水路の長さ	その他の川の長さの半分 m
d	集水面積	km²
e	高水と中水との境目（臨界）の比流量	1 m³/s/km²
f	中水と低水との境目（臨界）の比流量	0.1 m³/s/km²
g	高水時の流下速度	2 m/s
	低水時の流下速度	0.2 m/s

3）タンクによるモデル化

静水面を溢流頂がある差し引きタンクで表す。

排水路を溢流頂の無い疑似非線形タンクで表す。

4）タンクの寸法の計算

静水面については、次の式で計算する。

$$\text{溢流頂がある差し引きタンクの深さ（mm）} = \text{水深（mm）} \tag{57}$$

排水路については、山の林の排水路と同様。

13 平地の小川の面モデル

1）流出過程の概念化

（1）はじめに

図-8（136頁）参照。平地の小川の面は、平水時においては、極一部が流水面になっていて、残りの土地は土・砂・礫の面である、とする。

（2）流出過程

土・砂・礫の面に降った雨は、そこを濡らし終えた後は、直ちに小川の流れになる、とする。

流水面に降った雨は、ここで起こる蒸発散量を差し引いて残った分が直ちに小川の流れになる、とする。

2）モデルの係数

次の係数を有している。

a	小川の面に係わる蒸発発散係数	100%
b	面積率	5%
c	保留水深	2 mm

3) タンクによるモデル化

　山の谷川の面モデルとタンク構成は同じ。

　溢流頂のある差し引きタンクで表す。

4) タンクの寸法の計算

溢流頂がある差し引きタンクの深さ（mm）＝保留水深（mm）　　　　　　　　　(58)

14　平地の水田モデル

1) 流出過程の概念化
   (1) 平地の水田の地層

　図-17参照。平地の水田の地層は、表土層と浅い地下の地層に分けられる。表土層は、さらに代掻層と下層土層に分けられる。

　平地の水田の下層土層は、浅い地下の地層によって種類や性質が異なってくる。

　浅い地下の地層が粘土層やシルト層のように不滲透性の土層の場合、下層土層は、浅い地下の地層と同様な地質である。そして、非用水取水期間中の排水のため、代掻層と下層土層の境目に排水装置が設けられている場合と何も無い場合に分けられる。

　浅い地下の地層が砂層や礫層のような滲透性の土層の場合、下層土層は、水田の水を地下になるべく滲透させないように堅く固めた締固層になっている。

　すなわち、平地の水田の地層は、次のような状況の組合せになっている。

A　浅い地下の地層が不滲透性の場合　⇨　三角洲の土地の水田
　a　排水装置がある場合　　　　　　→　土地改良済みの水田
　b　排水装置がない場合　　　　　　→　土地改良がされていない水田
B　浅い地下の地層が滲透性の場合　　⇨　三角洲以外の土地の水田

　したがって、要素モデルを用水取水期間中と非用水取水期間中の期間別に、そして上記の状況の組合せ毎に組み立てる必要がある。

   (2) 用水取水期間中の流出過程

　この期間の水田は、常に水位が一定に保たれている池である。

　水田は、田面からの蒸発発散量に相当する水量の補充を常に区間の川から受ける。

　降雨は、田面の出口の水尻の構造と田の一枚の大きさに応じた田面の貯溜作用を受けながら排水路に流れ込み、小川に向け流れていく。

　三角洲の土地の水田の場合、水田の水は、下層土層に滲透しない。

　三角洲以外の土地の水田の場合、水田の水は、締固層に滲透していく。そして、この水量に相当する水量の補充を常に区間の川から受ける。締固層に滲透した水田の水は、

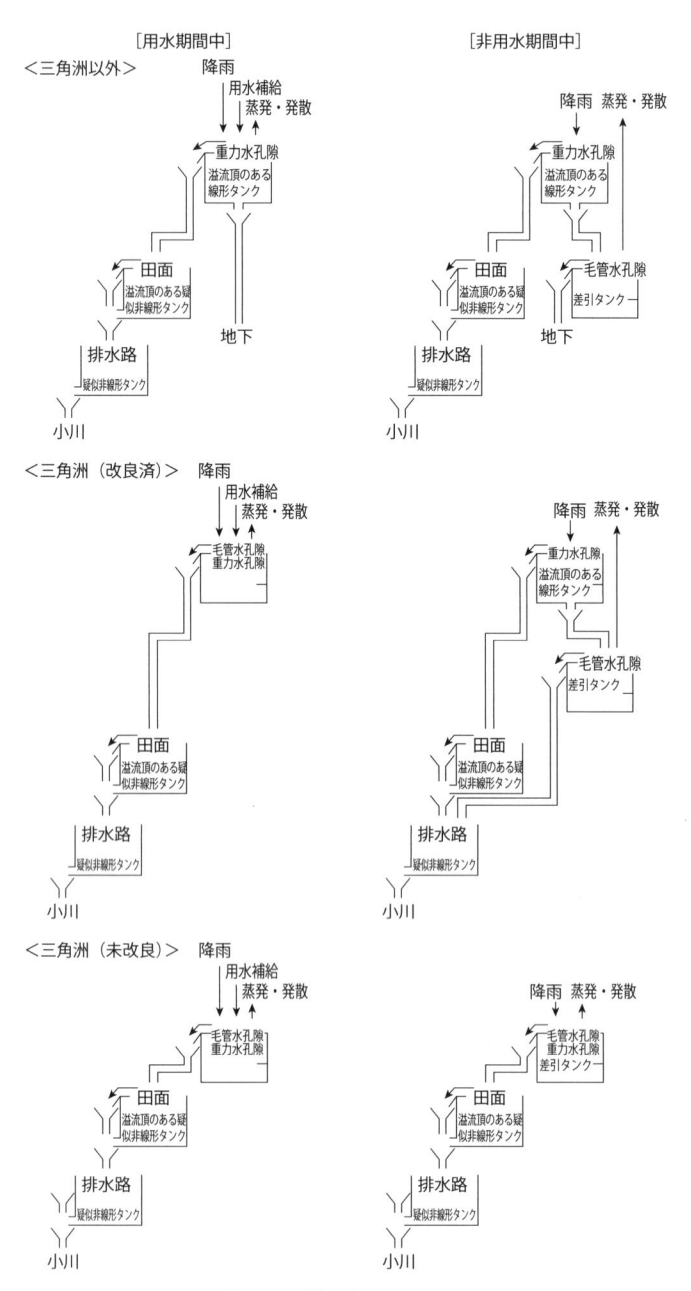

図-17　平地の水田モデル

そこを通過して、浅い地下の地層に浸透する。
(3) 非用水取水期間中の流出過程
〈1〉三角洲の土地の水田で土地改良済みの場合

この場合、水尻の堰を取り払い、落水すると、排水装置が働き始め、代掻層中の重力水孔隙を満たしていた水は、短い期間で排水され、無くなる。雨の降らない日が続くと、蒸発発散により毛管水孔隙を満たしていた水が失われて、毛管水孔隙の空の部分が生じ始める。

雨が降り始めると、雨水は、重力水孔隙に入り、そこから空の毛管水孔隙を満たしながら、排水装置を通して、排水路に流れ出る。代掻層に雨水が浸透しきれなくなると、田面に溜まり始め、田面の貯溜作用を受けながら排水路に流れ出る。

排水路に流れ出た雨水は、小川に向け流れていく。

〈2〉三角洲の土地の水田で土地改良がされていない場合

この場合、水尻の堰を取り払い、落水すると、代掻層中の重力水と毛管水の孔隙を満たしていた水は、そのままそこに残る。

雨の降らない日が続くと、蒸発発散により毛管水と重力水の孔隙を満たしていた水が失われて、毛管水と重力水の各孔隙に空の部分が生じ始める。

雨が降り始めると、雨水は、代掻層の重力水孔隙に入り、そこから毛管水孔隙の空の部分に入る。重力水孔隙と毛管水孔隙の各空の部分を満たし終えた雨水は、田面に溜まり始め、田面の貯溜作用を受けながら排水路に流れ込み、小川に向け流れていく。

〈3〉三角洲以外の土地の水田

この場合、水尻の堰を取り払い、落水すると、代掻層中の重力水孔隙を満たしていた水は、浅い地下の地層の中に浸透していって、短い期間で無くなる。雨の降らない日が続くと、蒸発発散により毛管水孔隙を満たしていた水が失われて、毛管水孔隙の空の部分が生じ始める。

雨が降り始めると、雨水は、代掻層の重力水孔隙に入り、そこから空の毛管水孔隙を満たしながら、締固層に浸透する。締固層に浸透した水田の水は、そこを通過して浅い地下の地層に達する。代掻層に雨水が浸透し切れなくなると、その分が田面に溜まり始め、田面の貯溜作用を受けながら排水路に流れ込み、小川に向け流れていく。

2) モデルの係数
(1) 三角洲の土地の水田で土地改良済みの場合
次の係数を有している。

a	平地の水田に係わる蒸発発散量係数	100％
b	用水取水期間（代掻から落水まで）	4月15日〜9月10日
c	代掻層の厚さ	300 mm
d	毛管水孔隙量係数	25％

e	重力水孔隙量係数	25%
f	排水装置の排水能力（最終滲透能力で表す）	25 mm/d
g	田面の広さ	1000 m²
h	水尻の幅	400 mm
i	水尻の堰の高さ	30 mm
j	畦畔の高さ	150 mm
k	排水路の長さ	その他の川の長さの半分 m
l	集水面積	km²
m	高水と中水の境目（臨界）の比流量	1 m³/s/km²
n	註水と低水の境目（臨界）の比流量	0.1 m³/s/km²
o	高水時の流下速度	1.5 m/s
p	低水時の流下速度	0.15 m/s

用水取水期間や田圃の規模等は、地方によって異なる。ここで掲げた数値は、一例。以下、同様。

(2) 三角洲の土地の水田で土地改良がされていない場合
係数は土地改良済みの場合と基本的に同じである。ただし排水装置がないので、その点のみが異なる。

(3) 三角洲以外の土地の水田の場合
三角州の土地の水田で排水装置がある場合と基本的に同じであるが、代掻層に滲透能力があるため、それのみを表示する。

f	代掻層の最終滲透能力	50mm/d

3) タンクによるモデル化

(1) 三角洲の土地の水田で土地改良済みの場合
図-17参照。代掻層の重力水孔隙を溢流頂がある線形のタンクで表す。
代掻層の毛管水孔隙を溢流頂がある差し引きタンクで表す。
田面の貯留作用を溢流頂がある疑似非線形タンクで表す。
排水路を溢流頂の無い疑似非線形タンクで表す。

(2) 三角洲の土地の水田で土地改良がされていない場合
代掻層の重力水と毛管水を併せた孔隙を溢流頂がある差し引きタンクで表す。
田面の貯留作用を溢流頂がある疑似非線形タンクで表す。
排水路を溢流頂の無い疑似非線形タンクで表す。

(3) 三角洲以外の土地の水田の場合
代掻層の重力水孔隙を溢流頂がある線形のタンクで表す。

代掻層の毛管水孔隙を溢流頂がある差し引きタンクで表す。
田面の貯留作用を溢流頂がある疑似非線形タンクで表す。
排水路を溢流頂の無い疑似非線形タンクで表す。

4）タンクの寸法の計算

（1）三角洲の土地の水田で土地改良済みの場合

次の式でタンクの寸法を計算する。

溢流頂がある線形タンクの深さ（mm）＝代掻層の厚さ（mm）×
　　　　代掻層の重力水孔隙量係数（％）× 0.01　　　　　　　　　（59）
溢流頂がある線形タンクの貯溜係数（hr）＝溢流頂がある線形タンクの
　　　　深さ（mm）／排水装置の排水能力（mm/hr）　　　　　　　（60）
溢流頂がある差し引きタンクの深さ（mm）＝代掻層の厚さ（mm）×
　　　　代掻層の毛管水孔隙量係数（％）× 0.01　　　　　　　　　（61）

（2）三角洲の土地の水田で土地改良がされていない場合

次の式でタンクの寸法を計算する。

溢流頂がある差し引きタンクの深さ（mm）＝代掻層の厚さ（mm）×
　　　　（代掻層の毛管水孔隙量係数（％）＋
　　　　代掻層の重力水孔隙量係数（％））× 0.01　　　　　　　　（62）

（3）三角洲以外の土地の水田の場合

次の式でタンクの寸法を計算する。

溢流頂がある線形タンクの深さ（mm）＝代掻層の厚さ（mm）×
　　　　代掻層の重力水孔隙量係数（％）× 0.01　　　　　　　　　（63）
溢流頂がある線形タンクの貯溜係数（hr）＝溢流頂がある線形タンク
　　　　の深さ（mm）／代掻層の最終滲透能力（mm/hr）　　　　　（64）
溢流頂がある差し引きタンクの深さ（mm）＝代掻層の厚さ（mm）×
　　　　代掻層の毛管水孔隙量係数（％）× 0.01　　　　　　　　　（65）

（4）田面の貯溜作用

計算の仕方は、山の水田と同様。

（5）排水路

計算の仕方は、山の林の排水路と同様。

15　平地の畑モデル

1）流出過程の概念化
（1）平地の畑の土地の特性
図-18参照。平地の畑は、土地が三角洲の場合、微高地の上だけにある、ものとする。三角洲以外の土地の場合、土地のどこでも畑地になれる。

（2）平地の畑の地層
平地の畑の表面の地層は、畝立層である。

地形が三角洲の場合、畝立層の下に微高地の本体である雨水の滲透性の地層がきて、そして基盤となる雨水の不滲透性の地層になる。

地形が三角洲以外の場合、畝立層と基盤の雨水の滲透性の地層に分けられる。

すなわち、平地の畑の地層は、次のような状況の組合せになっているから、部分モデルをこれ等の状況毎に組み立てる必要がある。

A　浅い地下の地層が雨水の滲透性の場合　　⇨　三角洲以外の土地の畑
B　浅い地下の地層が雨水の不滲透性の場合　⇨　三角洲の土地の畑

（3）三角洲以外の土地の流出過程
〈1〉畑地道路
雨が降らない日が続くと、蒸発発散で路面は乾ききっている。

雨が降り始めると、雨水は路面を濡らしながら、流れていって、極短い時間で排水路に流れ込み、小川に向け流れていく。

〈2〉耕起地
雨の降らない日が続くと、畝立層の毛管水孔隙の中に入っている水は、蒸発発散作用で失われていく。そして、毛管水孔隙の空の部分が増えていく。

雨が降り始めると、雨水は、畝立層の重力水孔隙に入りながら、そこから毛管水孔隙の空の部分に入り、空だった部分を満たしていく。畝立層の毛管水孔隙の空の部分を全部満たし終えた後で重力水孔隙に入った雨水は、雨水の滲透性の地層の中に滲透していき、地下水流となって小川に流れていく。

畝立層の最終滲透能力を超えた雨水の分は、畝間に流れ出て、そこを流れ、極短い時間で排水路に流れ込み、小川に向け流れていく。

（4）三角洲の土地の流出過程
〈1〉畑地道路
三角洲以外の土地と同様。

〈2〉耕起地
三角洲と三角洲以外の土地の違いは、重力水孔隙に入った雨水が不滲透層の上の薄い

滲透性の地層に滲透するか、厚い滲透性の地層に滲透するかだけの違いである。

2) モデルの係数
  (1) 三角洲以外の土地
  〈1〉 畑地道路
  次の係数を有している。

a	面積率	小規模畑地	3%
		中規模畑地	2%
		大規模畑地	1%
b	保留水深		2 mm

  〈2〉 耕起地
  次の係数を有している。

c	畝立層の厚さ	300 mm
d	毛管水孔隙量係数	30%
e	重力水孔隙量係数	20%
f	最終滲透能力	25 mm/hr

  〈3〉 排水路
  次の係数を有している。

g	排水路の長さ	その他の川の長さの半分 m
	集水面積	km^2
h	高水と中水の境目（臨界）の比流量	1 m^3/s/km^2
i	中水と低水の境目（臨界）の比流量	0.1 m^3/s/km^2
j	高水時の流下速度	0.5 m/s
k	低水時の流下速度	0.05 m/s

  〈4〉 全体
  次の係数を有している。

l	平地の畑に係わる蒸発発散量係数	100%

  (2) 三角洲の土地
  三角洲以外の土地と同様。

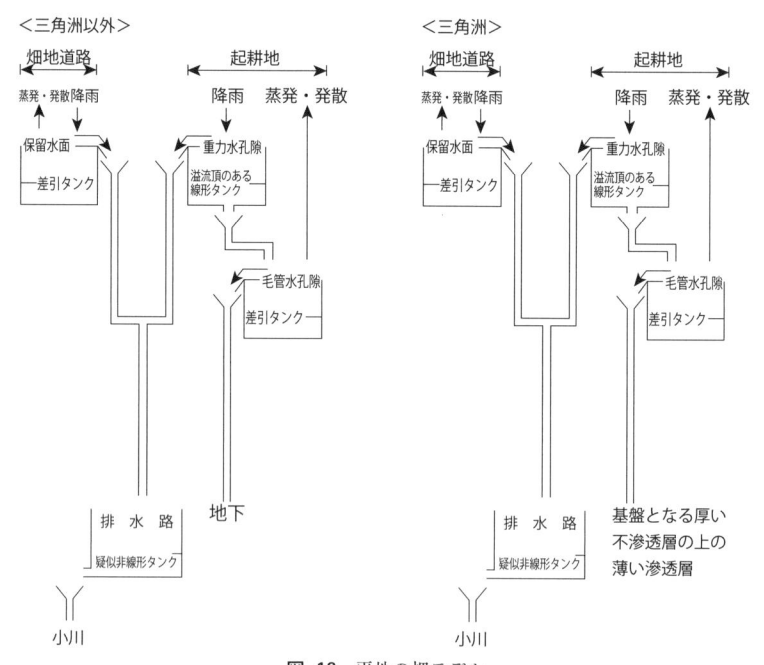

図-18 平地の畑モデル

3) タンクによるモデル化
(1) 三角洲以外の土地の場合
図-18 参照。畑地道路は溢流頂がある差し引きタンクで表す。
畝立層の重力水孔隙を溢流頂がある線形タンクで表す。
畝立層の毛管水孔隙を溢流頂がある差し引きタンクで表す。
排水路を溢流頂の無い疑似非線形タンクで表す。
(2) 三角洲の土地の場合
三角洲以外の土地と同様。
4) タンクの寸法の計算
(1) 三角洲以外の土地の場合
〈1〉畑地道路
次の式で計算する。

$$\text{溢流頂がある差し引きタンクの深さ(mm)} = \text{保留水深(mm)} \tag{66}$$

〈2〉耕起地
次の式で計算する。

溢流頂がある線形タンクの深さ（mm）＝畝立層の厚さ（mm）×
　　　　　畝立層の重力水孔隙量係数（％）× 0.01　　　　　　　　　　　(67)
溢流頂がある線形タンクの貯溜係数（hr）＝溢流頂がある線形タンクの
　　　　　深さ（mm）／畝立層の最終滲透能力（mm/hr）　　　　　　　　(68)
溢流頂がある差し引きタンクの深さ（mm）＝畝立層の厚さ（mm）×
　　　　　畝立層の毛管水孔隙量係数（％）× 0.01　　　　　　　　　　　(69)

〈3〉排水路
　　計算の仕方は、山の林の排水路と同様。
(2) 三角洲の土地の場合
　　三角洲以外の土地と同様。

16　平地の林モデル

1）流出過程の概念化
(1) 平地の林の土地の特性
　図-19 参照。平地の地形が三角洲以外の場合、林は、平地のどこにでもある。平地の地形が三角洲の場合、林は、平地の中の微高地にだけある、ものとする。
　平地の林は、山の林同様、地面から上の層と地面から下の層に分けられる。地面から上の層の樹木層に関しては、山の林と同様。
(2) 平地の林の地層
　地面から下の層の平地の林の地層は、樹根帯に当たる樹根層と地下の地層に分けられる。
　土地が三角洲の場合、樹根層は微高地の表層部分である。雨水の滲透性の土層である微高地の地下の地層は雨水の不滲透性の地層になっている。
　土地が三角洲以外の場合、樹根層の下は雨水の滲透性の地層である。
(3) 平地の林の分類
　平地の林は、地層から次のような状況の組合せになっている。

A　地下の地層が雨水の滲透性の場合　　⇨　三角洲以外の土地の林
B　地下の地層が雨水の不滲透性の場合　⇨　三角洲の土地の微高地の林

　したがって、要素モデルを上記の状況毎に組み立てる必要がある。

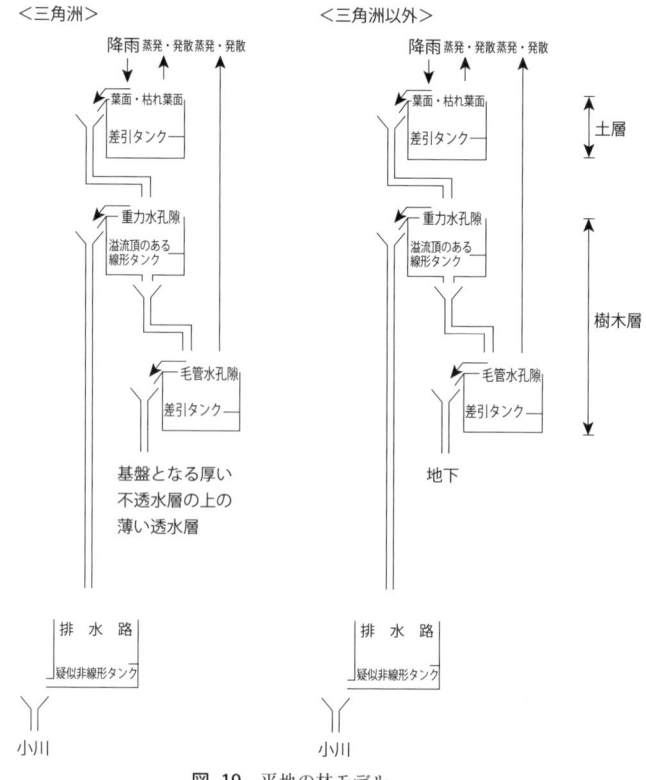

図-19 平地の林モデル

(4) 三角洲以外の土地の林の流出過程

雨の降らない日が続くと、樹根層の毛管水孔隙の中に入っている水は、蒸発発散作用で失われていく。そして、毛管水孔隙の空の部分が増えていく。

雨が降り始めると、雨水は、樹根層の重力水孔隙に入りながら、そこから毛管水孔隙の空の部分に入り、空だった部分を満たしていって、全部満たし終えた後、地下の地層に滲透していく。

表土層の最終滲透能力を超えた雨水の分は、地表面を流れ、極短い時間で排水路に流れ込み、小川に向け流れていく。

(5) 三角洲の微高地の林の流出過程

雨の降らない日が続くと、樹根層の毛管水孔隙の中に入っている水は、蒸発発散作用で失われていく。そして、毛管水孔隙が空の部分が増えていく。

雨が降り始めると、雨水は、樹根層の重力水孔隙に入り、そこから毛管水孔隙の空の

部分に入り、空だった部分を満たしていって、全部満たし終えた後、樹根層の下部を薄い地下水流になって流れ、小川に流れ出る。

　樹根層の最終滲透能力を超えた雨水の分は、地表面を流れ、極短い時間で排水路に流れ込み、小川に向け流れていく。

2) モデルの係数
　(1) 三角洲以外の土地
　〈1〉樹木層
　次の係数を有している。

a　平地の林地の樹木層に係わる蒸発発散量係数　　　　　　　　　　100%
b　遮断量　　　　　　　　　　　　　　　　　　　　　　　　　2 mm/hr

　〈2〉表土層
　次の係数を有している。

c　平地の林地の表土層に係わる蒸発発散量係数　　　　　　　　　　100%
d　　樹根層の厚さ　　　　　　　　　　　　　　　　　　　　1000 mm
e　　　　毛管水孔隙量係数　　　　　　　　　　　　　　　　　　30%
f　　　　重力水孔隙量係数　　　　　　　　　　　　　　　　　　20%
g　　　　最終滲透能力　　　　　　　　　　　　　　　　　　50 mm/hr

　〈3〉排水路
　次の係数を有している。

h　排水路の長さ　　　　　　　　　　　　その他の川の長さの半分 m
i　　　　集水面積　　　　　　　　　　　　　　　　　　　　　　km^2
j　　　高水と中水の境目（臨界）の比流量　　　　　　　　$1 \ m^3/s/km^2$
k　　　中水と低水の境目（臨界）の比流量　　　　　　$0.1 \ m^3/s/km^2$
l　　　　高水時の流下速度　　　　　　　　　　　　　　　　　0.5 m/s
m　　　　低水時の流下速度　　　　　　　　　　　　　　　　0.05 m/s

　(2) 三角洲の微高地
　　三角洲以外の土地と同様。
3) タンクによるモデル化
　(1) 三角洲以外の土地
　　図-19 参照。樹木層を溢流頂がある差し引きタンクで表す。

樹根層の毛管水孔隙を溢流頂がある差し引きタンクで表す。
重力水孔隙を溢流頂がある線形タンクで表す。
排水路を溢流頂の無い疑似非線形タンクで表す。
　(2) 三角洲の微高地
　　三角洲以外の土地と同様。
4) タンクの寸法の計算
　(1) 三角洲以外の土地
　〈1〉樹木層
　　次の式で計算する。

溢流頂がある差し引きタンクの深さ（mm）＝遮断量（mm）　　　　　　　　　(70)

　〈2〉表土層
　　次の式で計算する。

溢流頂がある線形タンクの深さ（mm）＝樹根層の厚さ（mm）×
　　　　樹根層の重力水孔隙量係数（％）× 0.01　　　　　　　　(71)
溢流頂がある線形タンクの貯溜係数（hr）＝溢流頂がある線形タンクの
　　　　深さ（mm）／樹根層の最終滲透能力（mm/hr）　　　　　(72)
溢流頂がある差し引きタンクの深さ（mm）＝樹根層の厚さ（mm）×
　　　　樹根層の毛管水孔隙量係数（％）× 0.01　　　　　　　　(73)

　〈3〉排水路
　　計算の仕方は、山の林の排水路と同様。
　(2) 三角洲の微高地
　〈1〉樹木層
　　三角洲以外の土地と同様。
　〈2〉表土層
　　三角洲以外の土地と同様。
　〈3〉排水路
　　計算の仕方は、山の林の排水路と同様。

17 平地の市街モデル

1) はじめに
(1) 平地の市街の立地
図-20 (173頁) 参照。平地の地形が三角洲以外の場合、市街は平地のどこにでも立地出来る。しかし、平地の地形が三角洲の場合、古い市街は、微高地の上だけにある。新市街は、砂質土を用いて埋め立てられた土地の上に作られている、ものとする。

(2) 平地の市街の地層
平地の市街の地層は、表土層と基盤となる地下の地層に分けられる。

地形が三角洲の場合、表土層は、三角洲の中に微高地を形成する砂質土層か同様の地質の埋め立て土層に分けられる。そして、その下に雨水の不滲透性の地層がある、ものとする。

地形が三角洲以外の場合、表土層の下に基盤となる雨水の滲透性の地層がある、ものとする。

すなわち、平地の市街の地層は、次の様な状況の組合せになっている。

A　地下の地層が雨水の滲透性の場合　⇨　三角洲以外の市街
B　地下の地層が雨水の不滲透性の場合　⇨　三角洲の微高地上または埋め立て地上の市街

したがって、要素モデルを上記の状況毎に組み立てる必要がある。

(3) 舗装地と非舗装地
市街は、舗装地と非舗装地に分けられる。非舗装地は、地面が舗装されていない場所である。舗装地は、舗装された道、建物が立っている場所である。

非舗装地の表土層は草が生えることが出来る地層で、草の根が及ぶ範囲を草根層と呼ぶ。

2) 流出過程の概念化
(1) 舗装地の流出過程
舗装地における流出過程は、三角洲と三角洲以外で変わりが無い。また、平地の畑の道路と基本的に同じである。雨水は、極短い時間で排水路に流れ込み、小川に向かって流れていく。

(2) 非舗装地の流出過程
〈1〉三角洲以外の市街

雨の降らない日が続くと、草根層の毛管水孔隙の中に入っている水は、蒸発発散作用で失われていき、毛管水孔隙が空の部分が増えていく。

雨が降り始めると、雨水は、重力水孔隙を通って草根層に滲透して、毛管水孔隙の空

の部分に入りながら、空の部分を全部満たし終えたら、浅い地下の地層に滲透していく。草根層の最終滲透能力を超えた雨水の分は地表面を流れ、極短い時間で排水路に流れ込み、小川に向かって流れていく。

〈2〉三角洲の市街
　三角洲以外の土地とほぼ同様であるが、違いは、表土層の底部に到達した雨水が薄い地下水流になることである。

3）モデルの係数
(1) 舗装地
次の係数を持つ。

a　面積率　　中高層建物街　　　　　　　　　　　　　　　　　90%
　　　　　　密集建物街　　　　　　　　　　　　　　　　　　80
　　　　　　散在建物街　　　　　　　　　　　　　　　　　　50
　　　　　　樹木に囲まれた居住街　　　　　　　　　　　　　30
　　　　　　点在建物・空き地　　　　　　　　　　　　　　　20
　　　　　　学校　　　　　　　　　　　　　　　　　　　　　30
　　　　　　病院　　　　　　　　　　　　　　　　　　　　　50
　　　　　　工場・温室・畜舎　　　　　　　　　　　　　　　80
　　　　　　公園　　　　　　　　　　　　　　　　　　　　　10
　　　　　　運動場　　　　　　　　　　　　　　　　　　　　10
　　　　　　神社・寺院・墓地　　　　　　　　　　　　　　　80
　　　　　　特に広い幅の一般道路・鉄道　　　　　　　　　 100
　　　　　　平地の土の崖　　　　　　　　　　　　　　　　　10
b　保留水深　　　　　　　　　　　　　　　　　　　　　　 2 mm

(2) 非舗装地
〈1〉三角洲以外の市街
次の係数を持つ。

c　草根層の厚さ　　　　　　　　　　　　　　　　　　　 300 mm
d　　　毛管水孔隙量係数　　　　　　　　　　　　　　　　 30%
e　　　重力水孔隙量係数　　　　　　　　　　　　　　　　 20%
f　最終滲透能力　中高層建物街　　　　　　　　　　　 5 mm/hr
　　　　　　　　密集建物街　　　　　　　　　　　　　　　10
　　　　　　　　散在建物街　　　　　　　　　　　　　　　20
　　　　　　　　樹木に囲まれた居住街　　　　　　　　　　30

点在建物・空き地		20
学校		10
病院		10
工場・温室・畜舎		5
公園		30
運動場		10
神社・寺院・墓地		10
特に広い幅の一般道路・鉄道		0
平地の土の崖		30

〈2〉 三角洲の市街
三角洲以外の市街と同様。

(3) 排水路
次の係数を持つ。

g	排水路の長さ	その他の川の長さの半分 m
h	集水面積	km^2
i	高水と中水との境目（臨界）の比流量	1 m^3/s/km^2
j	中水と低水との境目（臨界）の比流量	0.1 m^3/s/km^2
k	高水時の流下速度	1.5 m/s
l	低水時の流下速度	0.15 m/s

(4) 市街全体
次の係数を持つ。

q	平地の市街に係わる蒸発発散量係数	100%

4) タンクによるモデル化
(1) 三角洲以外の市街
図-20 参照。舗装地を溢流頂がある差し引きタンクで表す。
草根層の重力水孔隙を溢流頂がある線形タンクで表す。
草根層の毛管水孔隙を溢流頂がある差し引きタンクで表す。
排水路を溢流頂の無い疑似非線形タンクで表す。
(2) 三角洲の市街
三角洲以外の市街と同様。

5) タンクの寸法の計算
　(1) 三角洲以外の市街
　　〈1〉舗装地
　　次の式で計算する。

溢流頂がある差し引きタンクの深さ（mm）＝保留水深（mm）　　　　　　　　　　(74)

　　〈2〉非舗装地
　　次の式で計算する。

溢流頂がある差し引きタンクの深さ（mm）＝草根層の厚さ（mm）×
　　　　　草根層の毛管水孔隙量係数（％）× 0.01　　　　　　　　　　　　　　(75)
溢流頂がある線形タンクの深さ（mm）＝草根層の厚さ（mm）×
　　　　　草根層の重力水孔隙量係数（％）× 0.01　　　　　　　　　　　　　　(76)
溢流頂がある線形タンクの貯溜係数（hr）＝溢流頂がある線形タンクの
　　　　　深さ（mm）／草根層の最終浸透能力（mm/hr）　　　　　　　　　　　(77)

　　〈3〉排水路
　　計算の仕方は山の林の排水路と同じ。
　(2) 三角洲の市街
　　三角洲以外の市街と同様。

18　平地の高速道路モデル

1) 流出過程の概念化
　(1) 平地の高速道路
　図-14（152頁）参照。高速道路の敷地は、全面舗装されている、とする。
　(2) 流出過程
　山の高速道路と同様。雨水は極短い時間で排水路に流れ込み、小川に向かって流れていく。
2) モデルの係数
　次の係数を持つ。

a　平地の高速道路に係わる蒸発発散係数　　　　　　　　　　　　　　　　100％
b　舗装面の保留水深　　　　　　　　　　　　　　　　　　　　　　　　　1 mm
c　排水路の長さ　　　　　　　　　　　　　　　　　その他の川の長さの半分 m

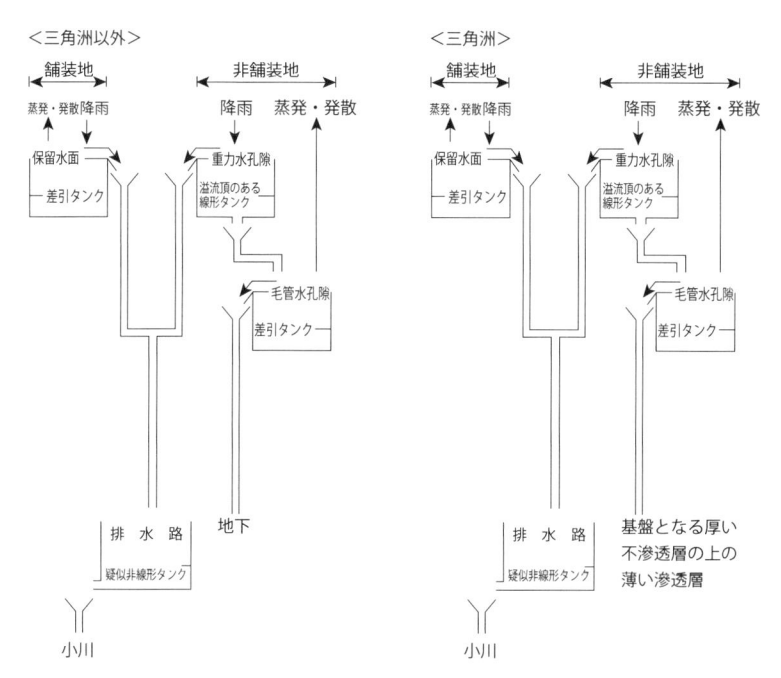

図-20 平地の市街モデル

d	集水面積	km²
e	高水と中水との境目（臨界）の比流量	1 m³/s/km²
f	中水と低水との境目（臨界）の比流量	0.1 m³/s/km²
g	高水時の流下速度	1.5 m/s
h	低水時の流下速度	0.15 m/s

3) **タンクによるモデル化**
　山の林の道路モデルとタンク構成は同じ。
4) **タンクの寸法の計算**
　次の式で計算する。

溢流頂がある差し引きタンクの深さ（mm）＝保留水深（mm）　　　　　(78)

19 平地の崖モデル

1) 流出過程の概念化
(1) 平地の崖について
図-21 参照。平地の崖という呼び名は、平地の土の崖の斜面を意味している。三角洲の平地には崖は無い。平地の崖の存在を考えなければならないのは、三角洲以外の平地だけである。

(2) 平地の崖の斜面の地層
平地の崖の斜面の地層は、崖の斜面を覆って草を茂らせている表土層とその下の雨水の滲透性の崖斜面に並行する下層土層に分けられる。

(3) 流出過程
雨の降らない日が続くと、表土層の毛管水孔隙の中に入っている水は、蒸発発散作用で失われていく。そして、毛管水孔隙の空の部分が増えていく。

雨が降り始めると、雨水は、表土層の重力水孔隙に入りながら、そこから毛管水孔隙の空の部分に入り、空だった部分を満たしていく。表土層の毛管水孔隙の空の部分を全部満たし終えた後で重力水孔隙に入った雨水は、下層土層の中に滲透していき、崖斜面と並行に流れる地下水流となって、崖の下の地面に湧き出ていく。表土層の最終滲透能力を超えた雨水の分は、崖の斜面を流れ下って崖の下の地面に流れ出て、崖の下層地層から湧き出る地下水と共に極短い時間で排水路に流れ込み、小川に向け流れていく。

2) モデルの係数
(1) 表土層
次の係数を有している。

a	平地の崖に係わる蒸発発散量係数	100%
b	表土層の厚さ	300 mm
c	毛管水孔隙量係数	30%
d	重力水孔隙量係数	20%
e	最終滲透能力	25 mm/hr

(2) 排水路
次の係数を有している。

f	排水路の長さ	その他の川の長さの半分 m
g	集水面積	km^2
h	高水と中水の境目（臨界）の比流量	1 m^3/s/km^2
i	中水と低水の境目（臨界）の比流量	0.1 m^3/s/km^2

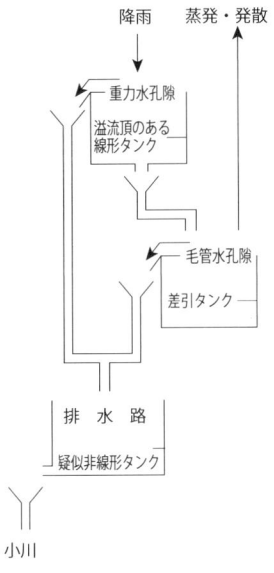

図-21　平地の崖モデル

| j | 高水時の流下速度 | 0.5 m/s |
| k | 低水時の流下速度 | 0.05 m/s |

3）タンクによるモデル化
　表土層の重力水孔隙を溢流頂がある線形タンクで表す。
　表土層の毛管水孔隙を溢流頂がある差し引きタンクで表す。
　排水路を溢流頂の無い疑似非線形タンクで表す。
4）タンクの寸法の計算
　（1）崖
　　次の計算式で計算する。

溢流頂がある線形タンクの深さ（mm）＝表土層の厚さ（mm）×
　　　　　表土層の重力水孔隙量係数（％）× 0.01　　　　　　　　　（79）
溢流頂がある線形タンクの貯溜係数（hr）＝溢流頂がある線形タンクの
　　　　　深さ（mm）／表土層の最終滲透能力（mm/hr）　　　　　（80）
溢流頂がある差し引きタンクの深さ（mm）＝表土層の厚さ（mm）×

$$\text{表土層の毛管水孔隙量係数（％）} \times 0.01 \tag{81}$$

（2）排水路

計算の仕方は、山の林の排水路と同様。

20　平地の静水面モデル

1）流出過程の概念化
（1）平地の静水面

図-16（155頁）参照。山の静水面と同様。

（2）流出過程

山の静水面と同様。雨水はすぐに排水路に流れ込み、小川に向かって流れていく。

2）モデルの係数

次の係数を持つ。

a	土地に係わる蒸発発散係数	100%
b	水深	9999 mm
c	排水路の長さ	その他の川の長さの半分 m
d	集水面積	km^2
e	高水と中水との境目（臨界）の比流量	1 m^3/s/km^2
f	中水と低水との境目（臨界）の比流量	0.1 m^3/s/km^2
g	高水時の流下速度	1 m/s
h	低水時の流下速度	0.1 m/s

3）タンクによるモデル化

山の静水面モデルとタンク構成は同じ。

4）タンクの寸法の計算

次の式で計算する。

$$\text{溢流頂がある差し引きタンクの深さ（mm）} = \text{水深（mm）} \tag{82}$$

21 平地の野原モデル

　平地の野原は、以上に述べた平地の土地に当てはまらない土地をいう。他の平地の土地と違って定常的な状態が無いので、状況に臨機に応じる必要があり、一般的なモデルを組み立てることは、山の荒廃林地同様、ここでは行わない。

22 湖の水面モデル

1) 流出過程の概念化

　図-22参照。湖の水面が蒸発によって低下すると、直ちにそれに相当する流量分だけ、流入している川の分割の流出量により補充される。それだけでは足りない場合は、上流にある分割から補充される。したがって、蒸発による湖の水面の低下は、普通起こらない、とする。よって、雨水は、直ちにその湖の出口からの流出量の一部になる。それ以外の湖への流入量も、直ちに湖の出口からの流出量の一部になる。

　湖で起こるべき水面の昇降は、湖の直下流にダムによる貯水池があるものとして、そこで考える。

2) モデルの係数

　次の係数を有している。

a　湖の水面に係わる蒸発発散量係数　　　　　　　　　　　　　　　　　100%
b　　水深　　　　　　　　　　　　　　　　　　　　　　　　　　　9999 mm

3) タンクによるモデル化

　溢流頂がある差し引きタンクで表す。

4) タンクの寸法の計算

　次の式で計算する。

溢流頂がある差し引きタンクの深さ（mm）＝水深（mm）　　　　　　　　　(83)

23 区間の川の面モデル

1) 流出過程の概念化

(1) 区間の川の状況
〈1〉 地形図上で線で表されている川

　図-8（136頁）参照。線の川は、地形図上では線で表されているが、実際には川幅がある。しかし、川幅が不明なので、分割に線の川が占める面積率を想定し、これを線の

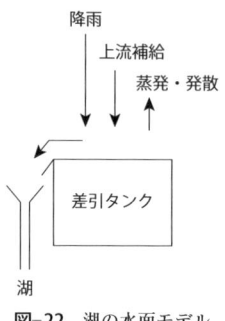

図-22 湖の水面モデル

川の面積率と呼ぶ。
　線の川の平水時は、そのごく一部が流水面になっていて、残りは岩盤・礫・砂・土になっている、とする。
〈2〉 地形図上で幅のある川
　幅のある川の平水時は、線の川と同様であるとする。
2) 流出過程の概念化
　線の川も幅のある川も流出過程は同じ、とする。
　流水面に降った雨は直ちに川の流れになる、とする。
　流水面以外の土地に降った雨は、そこを濡らし終えた後は、直ちに川の流れになる、とする。
3) モデルの係数
(1) 線の川
　次の係数を有している。

a	区間の線の川に係わる蒸発発散量係数		100%
b	線の川の面積率　河床勾配	～1/100	15%
		1/100～1/200	10%
		1/200～1/1000	10%
		1/1000～1/5000	5%
		1/5000～	5%
c	保留水深　　　河床勾配	～1/100	2 mm
		1/100～1/200	2 mm
		1/200～1/1000	2 mm
		1/1000～1/5000	2 mm
		1/5000～	2 mm

図-23 山の中間層のモデル

(2) 幅のある川
次の係数を有している。

d　区間の幅のある川に係わる蒸発発散量係数　　　　　　　　　　100%
e　保留水深　　　　　　　　　　　　　　　　　　　　　　　　　2 mm

4) タンクによるモデル化
谷川の面モデルとタンク構成は同じ。線の川も幅のある川も、共に同じ溢流頂のある差し引きタンクで表す。

5) タンクの寸法の計算
(1) 線の川
次の式で計算する。

$$溢流頂がある差し引きタンクの深さ（mm）＝保留水深（mm） \tag{84}$$

(2) 幅のある川
線の川と同様。

24　山の中間層モデル

1) 流出過程の概念化
図-5 (a)（120頁）と図-23参照。山の基盤岩層は、一枚岩でなく、無数の割れ目を有している。そして、この割れ目は、次のような状況にある、と考えられる。隣り合う谷川を結んだ面より上の浅い層では、基盤岩層の割れ目は、開いていて、隙間がある。

しかし、この面より下の深い層では、閉じていて、隙間が全然無い状態になっている。すなわち、浅い層は透水性の基盤岩層、深い層は不透水性の基盤岩層になっている。加えて、基盤岩層の割れ目の開き方は、基盤岩表面から深くなればなるほど狭くなっている。

透水性の基盤岩層は、表土層から滲透してきた雨水を垂直に降下させる働きをする。不透水性の基盤岩層は、雨水の動きを垂直から水平の方向に変える働きをする。その結果、不透水性の基盤岩層の上には、谷川に向かう雨水の流れが発生する。

この雨水の流れの速度は、基盤岩層の割れ目の開き方の特性から、谷川から遠くなればなる程遅くなる。その結果、不透水性の基盤岩層の上には、山形の雨水の塊が出来る。すなわち、これが図-24 に示す山の地下の地下水層の発生である。

表土層の下面と地下水層の上面の間の基盤岩層は、前二層の中間に位置しているということから中間層というような言葉で呼ばれる。すなわち、中間層における雨水の動きは、垂直降下である。

中間層の厚さは山の頂上付近は大きく、山腹を下って、谷川に近付く程小さくなる。基盤岩層の割れ目の開き方は、基盤岩層表面より深くなればなるほど狭くなると考えられるから、雨水の垂直降下に要する時間は、中間層中一様でない。しかし、中間層の平均厚さと雨水の平均垂直降下速度を考え、中間層を雨水が降下するのに要する時間を計算する。

2) モデルの係数

次の係数を持つ。

a	中間層の厚さ		起伏量の2分の1 m
b	中間層の有効間隙率	貫入火成岩と変成岩	0.01%
		熔岩	0.015%
		堆積岩	0.02%
		砕屑物	0.4%
c	中間層を雨水が降下する速度	貫入火成岩と変成岩	5 mm/s
		熔岩	3.75 mm/s
		堆積岩	2.5 mm/s
		砕屑物	1.25 mm/s

ここで、中間層の有効間隙率とは、雨水は基盤岩の割れ目の開いた隙間や砕屑物の隙間を全部、完全に浸して降下するので無く、その一部を濡らすだけ、と定義して生まれた概念である。

3) タンクによるモデル化

溢流頂のある線形のタンクで表す。

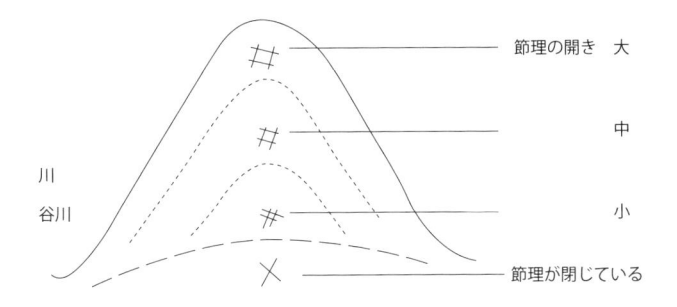

(a) 山体における節理の開き度合い分布

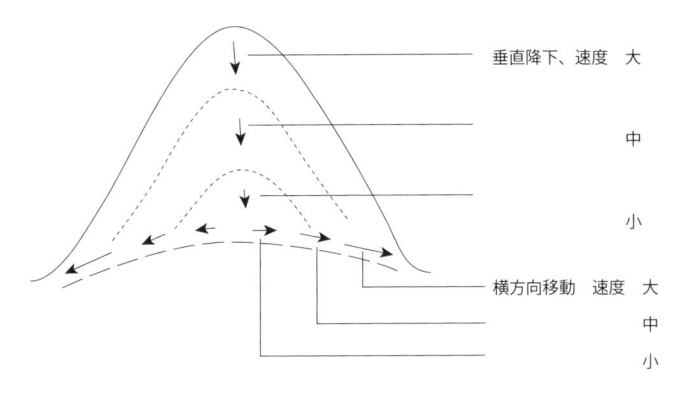

節理の開き　大
中
小
節理が閉じている

川
谷川

(b) 山体における滲透雨水の動きと速度

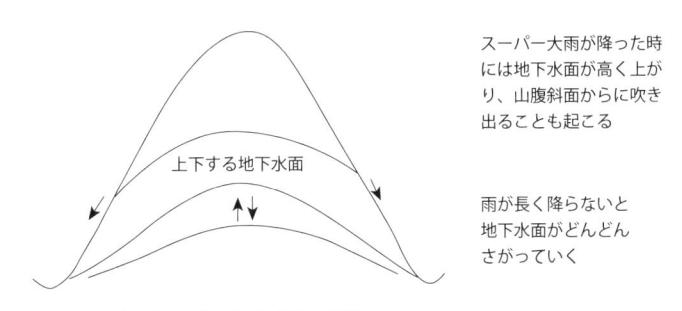

垂直降下、速度　大
中
小
横方向移動　速度　大
中
小

(c) 山体における山形の地下水面の発生と昇降

上下する地下水面

スーパー大雨が降った時には地下水面が高く上がり、山腹斜面からに吹き出ることも起こる

雨が長く降らないと地下水面がどんどんさがっていく

図-24　山における地下水層の発生

第Ⅱ部　基礎モデル　第4章　要素モデルの全容　　181

4) タンクの寸法の計算
次の式で計算する。

溢流頂のある線形タンクの深さ（mm）＝中間層の厚さ（mm）×
中間層の間隙率（％）× 0.01　　　　　　　　　　　　(85)
溢流頂のある線形タンクの貯溜係数（hr）＝中間層の厚さ（mm）／
中間層を雨水が降下する速度（mm/hr）　　　　　　　　(86)

25　山の地下水層モデル

1) 流出過程の概念化
図-25参照。地下水層にまで中間層を降下してきた雨水は、その場所が谷川に近い場合は短い時間で、遠い場合はその中を相当距離流れていくので長い時間をかけて谷川に流出する。そこで、山の地下を滲透してきた雨水が水平に谷川に向け流れる速度が特徴的に変わる次の地帯に分ける。

A　地下水になった雨水がすぐに谷川に流れ出る地帯
B　相当速い地下水流が発生する地帯
C　並の（最も普通の）速さの地下水流が発生する地帯
D　ゆっくりとした流れの地下水流が発生する地帯

そして、これらの地帯は、谷川に沿ってAの地帯があって、その隣のBの地帯へと移っていき、一番奥にDの地帯がある、と仮定する。これ等の地帯の地下水の通り抜け方は、線形タンクからの流出の仕方と同じである、とする。
以後、Aの地帯、Aの地下水流出というような呼び方をする。

2) モデルの係数
次の係数を持つ。

a　面積率とCの地帯を1とした場合の貯留係数の比率

地帯	面積率（％）	比率
A	10	0.25
B	20	0.5
C	40	1
D	30	10

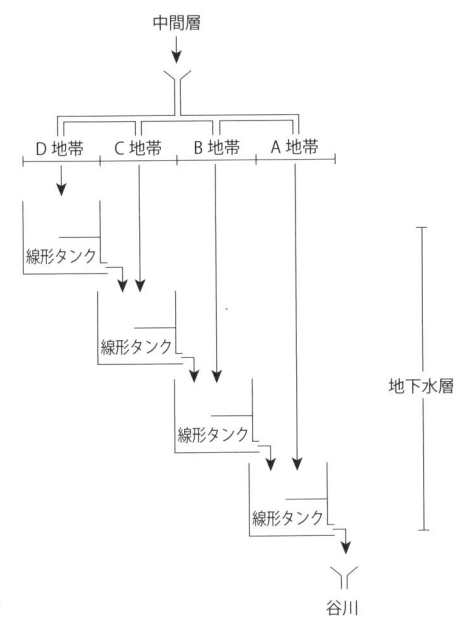

図-25 山の地下水層のモデル

b　基準の貯溜係数　貫入火成岩と変成岩　　　　　　　　　　　　30 hr
　　　　　　　　　熔岩　　　　　　　　　　　　　　　　　　　45 hr
　　　　　　　　　堆積岩　　　　　　　　　　　　　　　　　　60 hr
　　　　　　　　　砕屑物　　　　　　　　　　　　　　　　　　120 hr

3) タンクによるモデル化
地下水層を線形タンクの並びで表す。
4) タンクの寸法の計算
マルチ・タンク・モデルでは、分割の出口の標高を基準にして、分割の中の起伏量が600 mの山を基準の高さの山としている。基準の高さのある地質の山の地下流出地帯を表す線形タンクの貯溜係数を、ある地質の山の基準の貯溜係数と呼ぶ。

次に、いま300 mの高さの山があるとすると、この山は、300/600 = 0.5の高さ比であると表現する。すなわち、次の式である山の高さ比を計算する。

ある山の高さ比 R = あるの山の高さ（m）/ 基準の山の高さ（= 600m）　　　　(87)

以上から任意の高さの山の地下水流出のタンクの貯留係数を次の式で計算する。

ある地質の山のAの地下水流出のタンクの貯留係数＝ある地質の山の
　　　　　　　　　　　　　　　　　基準の貯留係数×R×Aの比率　　　　　(88)
ある地質の山のBの地下水流出のタンクの貯留係数＝ある地質の山の
　　　　　　　　　　　　　　　　　基準の貯留係数×R×Bの比率　　　　　(89)
ある地質の山のCの地下水流出のタンクの貯留係数＝ある地質の山の
　　　　　　　　　　　　　　　　　基準の貯留係数×R×Cの比率　　　　　(90)
ある地質の山のDの地下水流出のタンクの貯留係数＝ある地質の山の
　　　　　　　　　　　　　　　　　基準の貯留係数×Dの比率　　　　　　(91)

26　平地の地下水層モデル

1) 流出過程の概念化

(1) はじめに

図-25参照。平地は、三角洲と三角洲以外の平地に大別出来る。前者の地下の地層はシルトや粘土の細かい砕屑物の層なので、そこでは地下水層・地下水流は基本的に存在しない。したがって、三角洲の平地に関しては地下水の流出問題は考えなくてもよいことになる。しかし、三角洲の平地の畑・市街・林は、透水性の砂礫の堆積で出来た微高地や排水性の良い土質材料で埋め立てられて出来た土地の上にあるので、基盤となる不滲透性の層の上の極厚さが薄い透水層に地下水層が形成され、三角洲の平地においても局地的に地下水の流出の問題が発生する。

山の地下水層と平地のそれとの基本的な違いは、形成される地下水面の勾配にある。前者は急で、逆に後者は緩やかである。しかし、流れの形態としては、基本的な違いを考える必要は無い、と考える。

また、山の地下水層に関しては、山腹表面と地下水面の間に厚さの大きな中間層が存在する。したがって、地下に滲透した雨水が地下水層の地下水になるまでに、それなりの時間を考えなければならなくなる。これに対して、平地では、中間層と呼べるようなものは実質的に存在しないから、地下に滲透した雨水は、直ちに地下水層の地下水になる、と考える。

(2) 三角洲以外の平地

地下に滲透してきた地下水になった雨水は、小川に向け流れていく、とする。
地下を、地下水流が小川に向け流れる速度が特徴的に変わる次の地帯に分ける。

A　地下水になった雨水がすぐに小川に流れ出る地帯
B　相当速い地下水流が発生する地帯

C　並の（最も普通の）地下水流が発生する地帯
D　ゆっくりとした流れの地下水流が発生する地帯

そして、これらの地帯は、小川に沿ってAの地帯があって、その隣のBの地帯に移っていき、一番奥にDの地帯がある、と仮定する。そして、これ等の地帯の地下水の通り抜け方は、線形タンクからの流出の仕方と同じである、とする。すなわち、山と基本的に違いが無い。

(3) 三角洲の平地
三角洲以外の平地と同様、とする。

2) モデルの係数
三角洲以外の平地、三角洲の平地共に次の係数を持つ。

a　面積率とCの地帯を1とした場合の貯溜係数の比率

地帯	面積率（%）	比率
A	10	0.25
B	20	0.5
C	40	1
D	30	10

b　基準の貯溜係数　　　　　　　　　　　　　　　　　　　　　　　240 hr

3) タンクによるモデル化
三角洲以外の平地、三角洲の平地共に地下水層を線形タンクの並びで表す。

4) タンクの寸法の計算
三角洲以外の平地、三角洲の平地共に次の式で計算する。

Aの地下水流出のタンクの貯留係数＝基準の貯留係数×Aの比率　　　(92)
Bの地下水流出のタンクの貯留係数＝基準の貯留係数×Bの比率　　　(93)
Cの地下水流出のタンクの貯留係数＝基準の貯留係数×Cの比率　　　(94)
Dの地下水流出のタンクの貯留係数＝基準の貯留係数×Dの比率　　　(95)

27　山の谷川の河道モデル

1) タンクによるモデル化
図-26参照。貯留関係が直線の折れ線の連続になる疑似非線形タンクで表す。

2) モデルの係数
次の係数を持つ。

a	谷川の長さ	その他の川の長さ	m
b	集水面積		km^2
c	高水と中水の境目の比流量		4 m^3/s/km^2
d	中水と低水の境目の比流量		0.1 m^3/s/km^2
e	高水時の流下速度　起伏量（m） 600〜		0.10 m/s
	400〜600		0.15 m/s
	200〜400		0.20 m/s
	100〜200		0.20 m/s
	50〜100		0.25 m/s
	〜50		0.30 m/s
f	低水時の流下速度・起伏量（m） 600〜		0.010 m/s
	400〜600		0.015 m/s
	200〜400		0.020 m/s
	100〜200		0.020 m/s
	50〜100		0.025 m/s
	〜50		0.030 m/s

3) タンクの寸法の計算

(1) 流れの状態の分類

流れの状態を低水（vl）、低中水（lf）、中中水（mf）、高中水（hf）、高水（vh）の5つに分類する。低中水、中中水、高中水をまとめて中水と呼ぶ。

(2) 臨界比流量

各流れの状態の臨界の比流量を、たとえば hf と vh の臨界比流量ならば Sdc_hf_ch_mt というように表して、次の計算式で計算する。

$$\text{Sdc\_hf\_ch\_mt} = \text{高水と中水の臨界比流量} \times ((\text{中水と低水の臨界比流量} / \text{高水と中水の臨界比流量}))^{1/3)0} \tag{96}$$

$$\text{Sdc\_mf\_ch\_mt} = \text{高水と中水の臨界比流量} \times ((\text{中水と低水の臨界比流量} / \text{高水と中水の臨界比流量}))^{1/3)1} \tag{97}$$

$$\text{Sdc\_lf\_ch\_mt} = \text{高水と中水の臨界比流量} \times ((\text{中水と低水の臨界比流量} / \text{高水と中水の臨界比流量}))^{1/3)2} \tag{98}$$

$$\text{Sdc\_vl\_ch\_mt} = \text{高水と中水の臨界比流量} \times ((\text{中水と低水の臨界比流量} / \text{高水と中水の臨界比流量}))^{1/3)3} \tag{99}$$

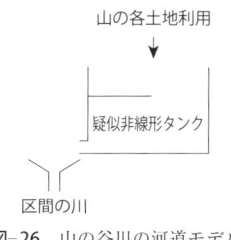

図-26 山の谷川の河道モデル

(3) 臨界流量

各流れの状態の臨界流量を、たとえばhfとvhの臨界流量ならばLim_hf_ch_mtという様に表して、次の計算式で計算する。

高中水と高水の臨界流量　＝ Lim_hf_ch_mt ＝谷川の集水面積×
　　　　　　　　　　　　　　　Sdc_hf_ch_mt　　　　　　　　(100)
中中水と高中水の臨界流量＝ Lim_mf_ch_mt ＝谷川の集水面積×
　　　　　　　　　　　　　　　Sdc_mf_ch_mt　　　　　　　　(101)
低中水と中中水の臨界流量＝ Lim_lf_ch_mt ＝谷川の集水面積×
　　　　　　　　　　　　　　　Sdc_lf_ch_mt　　　　　　　　(102)
低水と低中水の臨界流量　＝ Lim_vl_ch_mt ＝谷川の集水面積×
　　　　　　　　　　　　　　　Sdc_vl_ch_mt　　　　　　　　(103)

(4) 流速

各流れの状態で発生する流速を、たとえばvhの流速ならばVel_vh_ch_mtという様に表して、次の計算式で計算する。

$Vel\_vh\_ch\_mt$ ＝高水時の流下速度×（（低水時の流下速度／
　　　　　　　　　　高水時の流下速度）$^{1/4}$）^{0}　　　　(104)
$Vel\_hf\_ch\_mt$ ＝高水時の流下速度×（（低水時の流下速度／
　　　　　　　　　　高水時の流下速度）$^{1/4}$）^{1}　　　　(105)
$Vel\_mf\_ch\_mt$ ＝高水時の流下速度×（（低水時の流下速度／
　　　　　　　　　　高水時の流下速度）$^{1/4}$）^{2}　　　　(106)
$Vel\_lf\_ch\_mt$ ＝高水時の流下速度×（（低水時の流下速度／
　　　　　　　　　　高水時の流下速度）$^{1/4}$）^{3}　　　　(107)
$Vel\_vl\_ch\_mt$ ＝高水時の流下速度×（（低水時の流下速度／
　　　　　　　　　　高水時の流下速度）$^{1/4}$）^{4}　　　　(108)

(5) 谷川の河道通過時間

各流れの状態で流れが谷川の河道を通過するのに要する時間を、たとえばvhの通過時間ならばDur_vh_ch_mtという様に表して、次の計算式で計算する。

$$Dur\_vh\_ch\_mt = 河道の長さ / Vel\_vh\_ch\_mt \tag{109}$$
$$Dur\_hf\_ch\_mt = 河道の長さ / Vel\_hf\_ch\_mt \tag{110}$$
$$Dur\_mf\_ch\_mt = 河道の長さ / Vel\_mf\_ch\_mt \tag{111}$$
$$Dur\_lf\_ch\_mt = 河道の長さ / Vel\_lf\_ch\_mt \tag{112}$$
$$Dur\_vl\_ch\_mt = 河道の長さ / Vel\_vl\_ch\_mt \tag{113}$$

(6) 臨界河道貯溜量

各臨界状態に対応する河道貯留量を、次の計算式で計算する。

$$低水と低中水の臨界流量に対応する河道貯留量 = 0 + Dur\_vl\_ch\_mt \times (Lim\_vl\_ch\_mt - 0) \tag{114}$$

$$低中水と中中水の臨界流量に対応する河道貯留量 = 低水と低中水の臨界流量に対応する河道貯留量 + Dur\_lf\_ch\_mt \times (Lim\_lf\_ch\_mt - Lim\_vl\_ch\_mt) \tag{115}$$

$$中中水と高中水の臨界流量に対応する河道貯留量 = 低中水と中中水の臨界流量に対応する河道貯留量 + Dur\_mf\_ch\_mt \times (Lim\_mf\_ch\_mt - Lim\_lf\_ch\_mt) \tag{116}$$

$$高中水と高水の臨界流量に対応する河道貯留量 = 中中水と高中水の臨界流量に対応する河道貯留量 + Dur\_hf\_ch\_mt \times (Lim\_hf\_ch\_mt - Lim\_mf\_ch\_mt) \tag{117}$$

(7) 直線の折れ線の連続の貯留関係の作成

以上により求められた臨界流量と対応する臨界河道貯留量から図-6 (127頁) に示すような直線の折れ線の連続の貯留関係が得られる。

28 平地の小川の河道モデル

1) タンクによるモデル化

図-26参照。山の谷川の河道モデルと同じタンク構成。貯留関係が直線の折れ線の連続になる疑似非線形タンクで表す。

2) モデルの係数

次の係数を持つ。

a	平地の小川の長さ　　　　　　　　　　その他の川の長さ	m
b	集水面積	km²
c	高水と中水の境目の比流量	1 m³/s/km²
d	中水と低水の境目の比流量	0.1 m³/s/km²
e	高水時の流下速度	1.5 m/s
f	低水時の流下速度	0.15 m/s

3) タンクの寸法の計算

　計算の仕方は、山の谷川の河道と同様。

29　区間の川の河道モデル

1) タンクによるモデル化
　図-27参照。貯留関係が直線の折れ線の連続になる溢流頂が無い疑似非線形タンクと溢流頂を持つ疑似非線形タンクを用いてモデル化する。

2) モデルの係数

(1) 区間の川の分類
　区間の川を次のように分類する。

A　地形図上で線で表されている川
B　地形図上で幅がある、水理計算の不可能な自然の川
C　地形図上で幅がある、水理計算の可能な自然の川
D　等流計算が行われている川
E　不等流計算が行われている川

(2) 地形図上で線で表されている川と地形図上で幅があるが水理計算の不可能な自然の川（AとBの川の場合）

　次の係数を持つ。

a	区間の長さ			m
b	下流端の集水面積			km²
c	河床の勾配			分の1
d	高水と中水の境目の比流量			1 m³/s/km²
e	中水と低水の境目の比流量			0.1 m³/s/km²
f	高水時の流下速度　　河床勾配	～1/100		1.0 m/s
		1/100～1/200		1.25 m/s

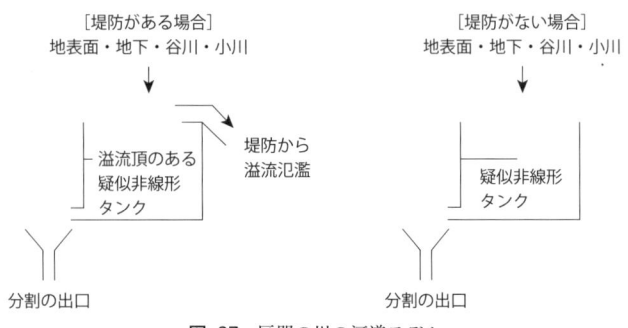

```
[堤防がある場合]                    [堤防がない場合]
地表面・地下・谷川・小川            地表面・地下・谷川・小川
         ↓                                   ↓
    ┌─────────┐                         ┌─────────┐
    │ 溢流頂のある │ → 堤防から             │ 疑似非線形 │
    │ 疑似非線形 │   溢流氾濫              │  タンク   │
    │  タンク   │                         └─────────┘
    └─────────┘                              Y
         Y                                分割の出口
     分割の出口
```

図-27　区間の川の河道モデル

	1/200～1/1000	1.5 m/s
	1/1000～1/5000	1.75 m/s
	1/5000～	2.0 m/s
g　低水時の流下速度　河床勾配	～1/100	0.10 m/s
	1/100～1/200	0.125 m/s
	1/200～1/1000	0.15 m/s
	1/1000～1/5000	0.175 m/s
	1/5000～	0.20 m/s

(3) 地形図上で幅がある自然状態の川で水利計算の可能な川（Cの川の場合）
次の係数を持つ。

a　区間の長さ　　　　　　　　　　　　　　　　　　　　　　　　　　m
b　水面勾配（河床勾配）　　　　　　　　　　　　　　　　　　　　分の1
c　底幅　　　　　　　　　　　　　　　　　　　　　　　　　　　　　m
d　岸の法勾配　　　　　　　　　　　　　　　　　　　　　　　　　1割

e　河床状態　河床勾配	～1/100	岩盤	粗度係数	1
	1/100～1/200	転石	〃	0.08
	1/200～1/1000	砂利	〃	0.06
	1/1000～1/5000	砂	〃	0.04
	1/5000～	シルト	〃	0.03

f　氾濫開始流量　河床勾配	～1/100	4 m^3/sec/km^2
	1/100～1/200	4 m^3/sec/km^2
	1/200～1/1000	4 m^3/sec/km^2

| | 1/1000〜1/5000 | 4 m³/sec/km² |
| | 1/5000〜 | 4 m³/sec/km² |

(4) 等流計算が行われている川（Dの川の場合）
次の係数を持つ。

a	区間の長さ					m
b	水面勾配（河床勾配）					分の1
c	河道断面種類	小河川／掘込河道／護岸有り			粗度係数	0.03
		小河川／掘込河道／護岸無し			〃	0.035
		小河川／堤防有り／護岸有り			〃	0.03
		小河川／堤防有り／護岸有り／床固有り			〃	0.04
		小河川／堤防有り／護岸有り／底張有り			〃	0.035
		小河川／堤防有り／護岸無し			〃	0.035
		大河川／急流／単断面			〃	0.03
		大河川／緩流／単断面			〃	0.025
		大河川／緩流／複断面／低水路部			〃	0.015
		／高水路部			〃	0.020
d	河道断面形	単断面	川幅			m
			岸勾配			割
			深さ			m
		複断面	低水路	底幅		m
				岸勾配		割
				深さ（川底から高水敷面まで）		m
			高水敷	岸勾配		割
				深さ（高水敷面から堤防肩面まで）		m

(5) 不等流計算が行われている川（Eの川の場合）
次の係数を持つ。

a	流量段階毎の河道貯溜量			m³/sec と m³
b	河道からの溢流の開始流量	右岸側		m³/sec
		左岸側		m³/sec

3）タンクの寸法の計算
  (1) **地形図上で線で表されている川と地形図上で幅があるが水理計算の不可能な自然状態の川（AとBの川の場合）**

  河床勾配（～1/100・1/100～1/200・1/200～1/1000・1/1000～1/5000・1/5000～）毎に計算を行う。

  各河床勾配分類毎の計算の仕方は、山の谷の河道と同様。

  (2) **地形図上で幅がある自然状態の川で水理計算の可能な川と等流計算が行われている川（CとDの川の場合）**

  定常流状態の下で、11段階以下の段階に増加する各流量に対応する区間の川の水位をマンニングの平均流速公式を用いて計算する。このデータから、直線の折れ線の連続の貯留関係を求める。

  (3) **不等流計算が行われている川（Eの川の場合）**

  計算データから、直線の折れ線の連続の貯留関係を求める。

第5章　初期値の設定

1　計算開始時の水系の状態を表す指標値

1）指標値
計算開始時の水系の状態を表す指標値として、次の二つを用いる。

a　水系の最下流の流量
b　急な山の山林下の山腹の表土層の空の毛管水孔隙量

2）計算開始流量
　計算開始時の水系の最下流の流量を計算開始流量と呼ぶ。計算開始流量は、水系に貯水池等の流量を制御する施設が設けられている場合、それ等が一切操作されていない時に生ずる流量、すなわち人為が加わっていない自然の流量である必要がある。
　計算開始流量が自然の流量でない場合は、補正を加えて自然の流量に出来るだけ戻す作業を行う。

3）計算開始時の流域の湿りの不足量
　計算開始時の流域は、スーパー大雨の直後でない限り、乾いた状態にある。これを流域が湿りの不足の状態にあると表現する。スーパー大雨が降り始めて流域の湿りの不足の状態が解消されるまでの降雨開始からの累加雨量を流域の湿りの不足量と呼ぶ。
　流域の湿りの不足の可能最大量は、流域の場所によって異なる。急な山の山林下の山腹の表土層の厚さは大体1 m、すなわち1000 mmである。この内の100 mmが毛管水孔隙量係数が25%のA層、200 mmが毛管水孔隙量係数が0%のB層、700 mmが毛管水孔隙量係数が30%のC層とすると、入り得る毛管水孔隙水量は235 mmと計算される。すなわち、急な山の山林下の山腹の表土層は、最大約235 mm相当の水分を土の湿りとして保持出来る、ここにおける湿りの不足の理論可能最大量は235 mm、ということになる。
　一般的に言って、日本の国におけるその他の場所の湿りの不足の可能最大量は一桁違いの少ない値と考えてよい。例えばこれが30 mmであったとすると、急な山の山林の山腹の表土層の湿りの不足量が30 mmに達した時に、残りの地帯は湿りの不足量が0 mm、丁度渇ききったことになる。すなわち、急な山の山林下の山腹における表土層の湿りの不足量が流域の湿りの不足量を代表していることになる。

2 計算開始流量の配分

1) 計算開始流量の分担の仮定

　計算の開始時をスーパー大雨が降り終わりに近づきつつある時に選んだとすると、流域の殆どの場所が流量を分担しているはずである。しかし、スーパー大雨が降り始める前の、相当期間雨が降っていない状況の時を計算開始時点に選べば、流域の限られた場所しか流量を分担していないはずである。そこで計算開始時点においては、"山林の地下だけが計算開始流量を分担している"、という仮定を行う。

2) 計算開始時の選定

　計算開始時は、無降雨の日が少なくとも1週間程度続いた後にする。

3 タンクの計算開始水深の決定

1) 蒸発発散の過程を表すタンクの計算開始水深の決定

　蒸発発散の過程を表すタンクの水深をDep、計算開始水深をIni、計算開始時の流域の湿りの不足量をSmdとすると、タンクの水深の決定を、C言語を用いて表現して、

```
if (Dep>Smd)
{
        Ini = Dep-Smd;
}
else
{
        Ini = 0;
}
```

のように行う。

2) 山の地下の各地下水層を表すタンクの計算開始水深の決定

(1) 計算開始流量

　流域にある山林の全面積をAre_f、各分割の山林の面積をAre_d_fとする。流域の計算開始流量をSflとする。計算開始時の各分割が分担する計算開始流量をSfl_dとすると、次式で計算出来る。

$$Sfl\_d = Sfl \times (Are\_d\_f / Are\_f) \tag{118}$$

(2) 計算開始流量を放出する地下水流出地帯

マルチ・タンク・モデルでは、山林の地下にある地下水流出地帯は、すぐ・すみやか・はやい・標準・おそい・ゆっくりの地帯で構成されている、としている。計算開始時点を少なくとも無降雨の日が１週間続いた後に選んだとすると、"標準・おそい・ゆっくり"の地下水流出地帯だけが地下水を谷川に流出していることになる。

(3) 計算開始流量の地下水流出地帯への配分

計算開始流量に対する標準・おそい地下水流出地帯の関与は、重みを付けた面積率に比例している、とする。すなわち、標準・おそい地下水流出地帯の面積に are_nl・are_sl の重みを付けた各地帯の面積を are_nl_w・are_sl_w とすると、

$$are\_nl\_w = are\_nl \times 2^0 \tag{119}$$
$$are\_sl\_w = are\_sl \times 2^1 \tag{120}$$

この重みを付けた面積に各地帯の受け持ち流量が比例する、ものとする。

3) 山の谷川の計算開始水流量の決定

118の式で計算した Sfl_d を分割の山の谷川の河道のタンクの計算開始水流量とする。

4) 区間の川の河道の計算開始水流量の決定

区間の川の河道の計算開始水流量は、山の谷川の河道の計算開始水量 Ini_f を水系構成図にしたがって累計していって得られる各値である。

5) 上記以外のタンクの計算開始水深の決定

上記以外のタンクの計算開始水深は零（0）とする。

第6章　特定流域独自のモデルの係数の値の設定規則

1　マルチ・タンク・モデルの出発点

　分割法の基礎モデルのマルチ・タンク・モデルの出発点は、著者が今から35年前の1978年に土木学会論文報告集上で発表した山林地流域を対象とした、図-28で概要を示す、極めて単純なモデルである。この時、流域の斜面は、既に2種類のタンクを用いて表されている。しかし、河道の部分をタンクで表す考え方にはまだ至っていない。このモデルでは、以下のような12の係数が設定されている。

[流域の定数]
　　初期飽和地帯面積率　　　　　　　　　　　　　　　　　AFS　（%）
　　二次飽和地帯面積率　　　　　　　　　　　　　　　　　ASS　（%）
　　短期間地下水放出帯面積率　　　　　　　　　　　　　　ASG　（%）
　　中期間地下水放出帯面積率　　　　　　　　　　　　　　AMG　（%）
　　長期間地下水放出帯面積率　　　　　　　　　　　　　　ALG　（%）
　　短期間地下水放出帯水層貯留係数　　　　　　　　　　　KSG　（%）
　　中期間地下水放出帯水層貯留係数　　　　　　　　　　　KMG　（%）
　　長期間地下水放出帯水層貯留係数　　　　　　　　　　　KLG　（%）
　　河道集中速度　　　　　　　　　　　　　　　　　　　　VCH　（km/hr）
[洪水毎の変数]
　　初期飽和雨量　　　　　　　　　　　　　　　　　　　　FSA　（mm）
　　流域飽和雨量　　　　　　　　　　　　　　　　　　　　SSA　（mm）
　　初期流量　　　　　　　　　　　　　　　　　　　　　　IFL　（km/hr）

　このモデルを適用する流域として当時全国に120余あった多目的ダム流域の中から域内に雨量計が3ヵ所以上ある図-29の60余の流域を選び、各流域毎に、3大水を通して一番良い再現結果を与える係数の値を試算で求めた。
　以後、このモデルを基礎にして、モデルの拡張と改良を繰り返し、その都度同様の計算を行ってきた結果、モデルが有する係数全部についてその値の設定規則が作られている現在のマルチ・タンク・モデルに到達した。Vの要素モデルの全容の章に記載されている各係数の値のセットがその設定規則であり、以後これを一般規則と呼ぶ。
　今や、このマルチ・タンク・モデルのさらなる拡張の必要性は実用上無い、と思う。また、モデルの改良の余地は、全ての流出現象をタンクを用いて表現するという基本的

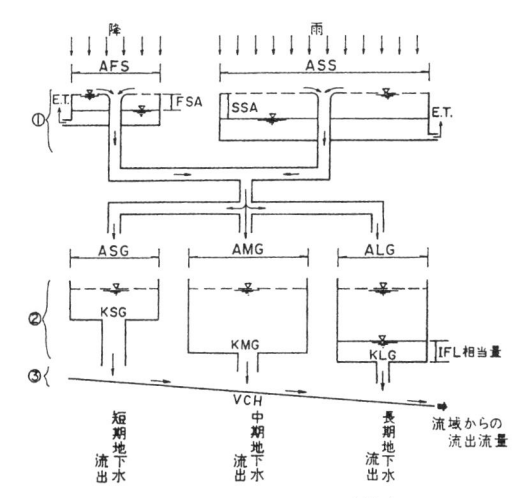

図-28 マルチ・タンク・モデルの出発点のモデル
山林地流域における降雨の流出過程の工学モデル概念図（①は有効雨量モデル、②は斜面モデル、③は河道モデルを示す）

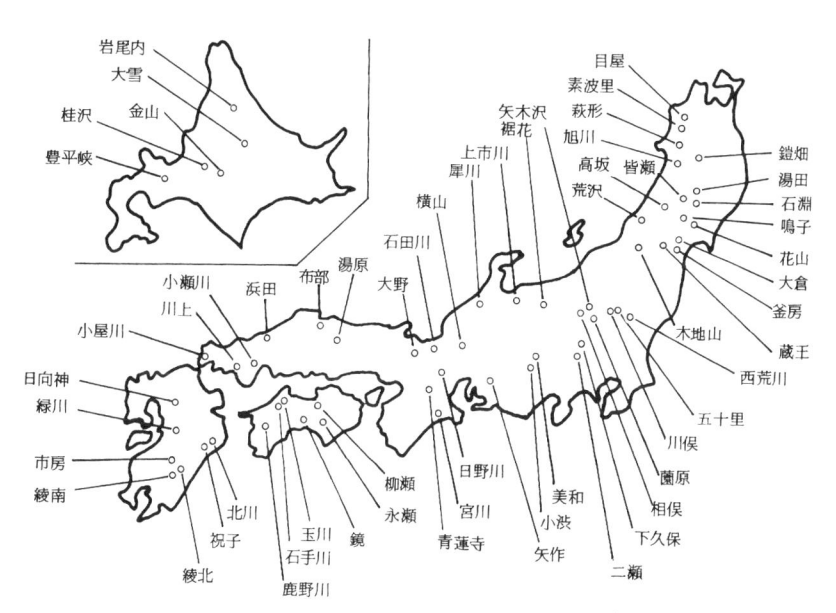

図-29 マルチ・タンク・モデルの出発点のモデルを検証した多目的ダム流域

立場に立てば、殆ど無い、と思う。しかし、このモデルの係数の値設定の一般規則を用いて、実用上望み得る最大の精度の雨量データが与えられた場合の計算精度は、誤差±10%程度である。すなわち、個々の流域において、計算精度を確実に誤差±10%以内にするためには、検証データに基づいて、試算により最良の結果をもたらす係数の値のセット、すなわちその流域独自の係数の値の設定規則を求める必要がある。

そこで、本書の最後として、個々の流域における独自の係数の値設定規則の作成について述べる。

2　マルチ・タンク・モデルの係数を試算で求めるためにはどのような流量観測の仕方が望ましいか

1) 検証流量データ

分割法による計算結果を確実に誤差±10%以内にするためには、計算値が目標とする誤差範囲に入っているかチェックするための検証データが必要になる。検証データは、雨量データと流量データにより構成される。この検証用の流量データを検証流量データと以後呼ぶ。検証流量データは、流域で行われている流量測定結果そのものである。

河川においては、次の種類の流量測定（観測）が行われている。

1　低水流量観測　　　　　→　低水流量観測所
2　高水流量観測　　　　　→　高水流量観測所
3　低水・高水流量観測　　→　低水・高水流量観測所
4　ダム貯水池流量観測　　→　ダム貯水池流量観測所

低水流量観測所は、大水でない普段の川の流量（低水流量）のみを測定する場所である。高水流量観測所は、大水になった時、川の水位が一定水位以上を超えた期間の流量（高水流量）を測定する場所である。低水・高水流量観測所は、低水流量と高水流量の両方を測定している場所を言う。

ダム貯水池が流量観測所であると言われるとおかしく感じられようが、管理されているダム貯水池では一定時間（普通は1時間）内のダム集水域からダム貯水池への平均流入量が測定され、記録されているから、すなわち正にダム貯水池は、流量観測所と言える。

ここで、測定と観測という二つの言葉を混用したので、説明を加えておく。観測は、例えば雨量観測のように雨量計という器機を用いれば答えが直ぐに出る場合に用いられる言葉である。測定は、色々な観測作業を行った上で、得られた各値を計算処理しなければ出てこない数値を求めている場合に用いられる言葉である。例えば、河川流量の場

合、流量を計る器機があってボタンを押せば直ぐ答えが出てくる訳では無いから、観測ではなく、測定と呼ぶべきなのである。しかし、慣行的に流量観測と呼ばれている。

2) 望ましい流量観測の仕方

マルチ・タンク・モデルの係数の値を試算で求めようとする場合、流域で先に述べた1から3の流量観測の仕方から得られた流量は、あくまでも参考データとして扱うべきものである。

国土交通省（旧建設省）が所管する河川関係が行っている低水流量観測の問題点は、世界標準とされている米合衆国地質調査所（United States Geological Survey, USGS）の流量観測の仕方を準用していることである。経済産業省（旧通商産業省）が所管する電力関係では、USGSの仕方をきちんと守っている。すなわち、国土交通省関係が用いている低水流量観測の仕方では、観測精度が低くなってしまっている。

高水流量観測では、浮子を流して川の流速を計り、これに流水断面を乗じて川の流れの量（流量）とする。この場合、出水期に入る直前と終わった直後に横断測量を行って両者の平均値を用いて高水時の流水断面を決めている。すなわち、出水の最中に起こっているであろう流水による河底の洗掘りや、流されてきた土砂の堆積によって生じる河床の上昇を無視している。浮子を用いた高水流量観測の一番の問題点は、大水の最中に、川の深さが計られていない（したくても計れない）、ことである。すなわち、現在行われている高水流量観測の結果は流量の測定精度が不明で、あくまでも参考データとして扱うべきものである。

3) ダム貯水池で行われる流量測定

ダム貯水池で行われる流量測定は、一定時間の始めと終わりの貯水池水位を観測して各貯水池貯水量を決め、両者の差を計算して一定時間中に起きた貯水量の変化量を求める。他方、その一定時間中にダムの放流施設から下流に放流した貯水量を求めて、貯水量の変化量と下流放流量の和から貯水池への流入量、すなわち貯水池集水域からの流出流量を算出するものである。

この方法によるダム貯水池で行われる流量測定の問題点は、貯水池の貯水位の測定可能単位が普通1cmのため、低水時の一定時間中の水位変化が少ない時には、貯水量変化に関する測定誤差が大きくなり、結果として低水流量の測定誤差が大きくなることである。従って、低水時においては、一定時間を高水時より長くして貯水量変化量測定誤差を小さくし、その間の平均値として求めることが行われる。以上のようなことがあっても、ダム貯水池で行われる流量測定は信頼するに足るものであり、分割法で行われる流出計算結果を検証するに際して、比較のための絶対値として扱える。

4) 多目的ダム貯水池の利用

日本の国で一般に多目的ダムと呼ばれているものは、治水目的を含めた複数の貯水目的のため作られているダムを指している。治水目的を含まない多目的ダムもあるが、ここでは対象にしていない。

日本の国では、現在、520を超える多目的ダム貯水池が運転されている。その中で国土交通省や水資源開発機構が高度管理しているものが140余、残りの殆どは都道府県が管理している。都道府県が管理している多目的ダム貯水池の集水面積は、一般的に言って小さい。高度管理されている多目的ダム貯水池においては、ダム貯水池に流れ込む流出流量は、平水時・大水時を問わず毎時間計測・記録されている。
　集水域の降雨量は、都道府県管理のように集水域が小さい場合はダム管理所地点のみの1ヵ所、普通はダム管理所地点と集水域の中心付近の2地点で観測され、毎時間データが記録されている。降雨量が3ヵ所以上で観測されているのは、そう多くない。
　これに対して、国土交通省や水資源開発機構が管理している場合は、雨量観測所が50 km^{2}に1地点の割合で、少なくとも3地点というような基準で配置されているのが普通である。
　以上から、一般的に言って、マルチ・タンク・モデル検証のために望ましい検証データが得られる多目的ダム貯水池は、国土交通省や水資源開発機構が高度管理している多目的ダム貯水池ということになる。

3　係数の敏感度について

　係数の敏感度は、"ある係数を除いた残りの係数の値を固定した上で、その係数の値を変化させた時、変化させる前からどの位計算結果が動いたかその度合い"、とここでは定義する。別の言葉で言えば、係数の弾力性を意味する。
　計算結果が大きく動く場合、その係数は"敏感度が高い"と呼ぶ。この逆の場合、"敏感度が低い"と呼ぶ。値を変えようもない係数もあり、この場合この係数を"鈍感である"と呼ぶことにする。
　マルチ・タンク・モデルの係数の内で特に敏感度が高い係数は、次に掲げる3種別である。

1	山の谷川の面モデル	面積率	135 頁参照
2	区間の川の面モデル	線の川の面積率	178 頁参照
3	山の地下水層モデル	A～Dの地帯別面積率 貯留係数	182 頁参照

　いずれも山地に係わる係数であり、1と2は、目で見えるものであるが、実際には測定が難しい。3は、地下の現象であるため、推定に頼らざるを得ない係数である。

4　流域独自のモデルの係数の値設定規則の求め方

　流域独自のモデルの係数の値設定規則を求めようとする時には、対象流域を全体流域と呼び、その中にある検証データが得られる集水域（多目的ダム貯水池の集水域）を検証流域と呼ぶ。全体流域と検証流域が重なっていることが一番望ましい。しかし、そういうことはめったに起こらない。
　流域独自のモデルの係数の値設定規則を求める場合、次のような手順を踏む。

① 全体流域の中に検証流域が有るか調査する。これが無い場合は、次の5の検証流量が無い流域についての計算結果の処理を行う。
② モデルの係数の値を決める一般規則を用いて全体流域の流出計算を行い、検証流量地点における計算流量のハイドログラフ（計算流量の時間グラフ）を作る。同様に検証流量のハイドログラフを作る。前者をハイドログラフ-A、後者をハイドログラフ-Bとここでは呼ぶ。
③ ハイドログラフのAとBを計算期間全般に渡って比較して、一致度を検査する。第Ⅰ部図-14のa（92・93頁）参照。
④ 満足出来る一致度が得られていない場合は、先に述べた敏感度の高い係数の値を中心にして各係数の値を適宜変え、全体流域の流出計算を再度行い、ハイドログラフ-Aを作り、全項の③を行う。
⑤ 満足出来る一致度が得られるまで、この試算を繰り返す。
⑥ 満足出来る一致度が得られたならば、設定した係数の各値が物理的に妥当であるかチェックする。

　以上のような試算を行い、得られた各係数の値のセットを全体流域の係数の値設定の独自基準とする。
　全体流域の中に検証流域が複数有る場合は、各検証流域毎にハイドログラフ-AとBの一致度をチェックし、その上で全体流域の係数の値設定の独自基準を決める。

5　検証流量が無い流域についての計算結果の処理

　流量観測が全然行われていない流域の場合、検証流量が無いから計算結果の検証が出来ない。当然、計算結果の精度が不明になる。
　そこで、そのような流域に関しては、係数の値の一般設定規則で与えられる係数の値をそのまま用いて計算を行った上で、利用目的に応じて、計算結果を割り増す、あるいは割り引くと言う処置を行う。例えば、利水計算を行うための長期間流出計算を行う場合、計算期間全般に渡って計算流量を（例えば10%）少なくする、すなわち割り引く。

また、大雨によって引き起こされる大水を問題にする場合、流量を計算期間全体に渡って（例えば10%）大きくする、すなわち割り増す。

分割法プログラムの公開について

1　はじめに
　流出計算マルチ・タンク・モデルに基づく分割法のプログラムの OS が Linux 下、ANSI-C で書かれたソースファイルをインターネット上で公開しています。

2　公開の形式
　次の URL でファイルをダウンロードして下さい。

　http://www.okamoto_institute_of_hydrology_and_river_engineering.info

3　御質問等のあて先
　御質問等については、電話、FAX、E メール、研究所来訪のいずれかの手段にてお寄せ下さい。

　岡本水文・河川研究所　岡本芳美
　場所　　〒950-0904　新潟県新潟市中央区水島町 10-25 ダイアパレス水島町 513 号
　交通　　新潟駅よりタクシー10 分、徒歩 20 分
　電話　　025-250-7341
　FAX　　025-250-7342
　E メール　okamotoy@beach.ocn.ne.jp

4　著作権について
　公開されるファイルはオープンファイルなので、岡本水文・河川研究所が頒布したファイルを、または利用者がそれに変更や改良を加えたファイルを再頒布することは自由です。ただし、有償頒布は禁じます。

おわりに

　分割法は半世紀に渡る長い期間をかけて作られたものです。その経過の概略を述べさせて頂きます。

　筆者は、昭和34年（1959年）東京都立大学を卒業し、10年間建設省（現国土交通省）で河川技術の研鑽を積んだ後文部省（現文部科学省）に転任を決め、新潟大学で土木工学教育に当たることにしました。

　国立大学の理科学系の教官の職務は、ただ単に専門教育を行うのでは無く、専門とする分野の研究を学生と一体になって行うことで学生を教育すること、すなわち研究教育にあります。そこで、どういう分野を専門とし、どういうことを研究するか決めねばなりません。それは土木工学の中の河川工学であることは当然でありますが、しかし河川工学は多くの基礎の学問から成り立っており、その中の技術水文学としました。そして研究テーマとして流出計算法（雨から川の流れの量を計算する方法）の開発という分野を選ぶことにしました。

　このような選択を行った理由は、建設省の河川技術者として昭和36年（1961年）から3年間河川局治水課に在籍した時の体験からきたものです。当時は都道府県が河川改修工事を担当している中・小の河川では、合理式法と呼ばれる流出計算法が用いられていました。それに対して、国が担当する大河川では、太平洋戦争終結直後に米国から導入された単位図法から現在国土交通省が標準法としている貯留関数法への急速な切替えが始まった時期です。合理式法を用いて答えを出すことは、シャマンが託宣を出すようなものでした。また、貯留関数法は、最近ある知識人からマジックだと酷評されましたが[註1]、一般技術者にとって理解し難い面が強く、それによる計算は、特定の技術者集団に頼らざるを得ない状況でした。そのような中で河川改修のための設計大水を決定する仕事に携わり、小河川から大河川まで容易に適用出来る、今の言葉で言えば説明責任が果たせる、それこそ文系の人でも分かる、理系の人なら誰でも計算出来る合理的な方法の開発の必要性を痛感させられたのです。

　以上のような思いから始めた、筆者の新流出計算法開発の研究は、4つのdecade[註2]を超える長期間を要するものになってしまいました。

註1：冨永靖徳「貯留関数法の魔術—ダム事業を根拠づけるデータの非科学性」『科学』83（3），岩波書店，2013
　2：10年間

今から半世紀近くも昔だった研究開始当時、日本の国の山地流域で起こる降雨の流出現象は、殆ど解明されておりませんでした。そこで、まず最初に、日本一の大河の利根川の上流部右支川の赤谷川(あかや)に造られた多目的の相俣(あいまた)ダムにより出来た貯水池の赤谷湖に面する小谷を流出試験地（相俣試験地と呼ぶ。写真-a）として定め、そこで、森林に覆われた山の斜面に降った雨が谷川に流れ出て、流れ下っていく流出現象を解明し、ダム貯水池を利用して測定される相俣ダム貯水池流域で発生した大水との関係を解析して、相俣ダム貯水池流域という特定の山林地河川流域で発生する大雨による大水の流出現象を明らかにする研究を行いました。山の中は常に危険に満ち満ちていて、その極め付きは土石流の発生という予想も付かぬ出来事でした。普段は大雨が降ると分かっていた時には必ず試験地に詰めていたのが、その時は予報が無かったので試験地における大水の発生状況を観察に行かなかったのが幸いして、土石流に遭遇しないで済みました。もしそうであったら命を失っていたかもしれません。しかし、せっかく作り上げた研究施設が全部破壊され、ここでの研究は5年間で終わりになりました。

　続いて、この試験地を用いて得られた研究結果が普遍性の有るものかどうか、すなわち日本の国の全部の山地流域に適用可能か検証するため、南は沖縄本島から北は北海道の北辺まで日本全国に分布する100を超える山地多目的ダム貯水池流域で発生した大水の大雨との関係のデータ（水文データという）を蒐集しました。当時、このような水文データは、関係する機関から一切公開されておりませんでした。現在は情報公開請求をすれば研究室に居ながらにしてデータが得られる時代ですが、往時は伝を頼って折衝(って)を重ねた上で、山奥のダム管理所まではるばる尋ねて行って、やっとデータを頂く、それは、山の中とは違った、大変な仕事で、研究開始からこの仕事の終わりまでの間で20万kmも車で走りました。

　以上の研究を踏まえた次の第2段階で、降雨の第1代目の簡単な流出モデルを組んで、それを蒐集してきた全国多目的ダム貯水池流域の水文データに適用し、そのモデルの検証を行いました。そして、その結果に基づいて第2代目のモデルを作り、検証を重ねました。このようにしてモデルの改良と拡張を繰り返し、繰り返しを行った結果、ある程度の成果が得られるようになりました。しかし、ここで、次なる問題の存在に気付きました。

　それは、観測された大水の始まりから終わりまでの流れの総量と理論モデルで計算された対応する総量に相当の開きが現れて、しかも前者の方が常に大きく、その差の割合は30%にも達する、ということでした。すなわち、山地多目的ダム貯水池流域では、雨量が測り足りていないのではないか、という疑問の発生です。

　この疑問をそのままにして先には進めませんので、船舶用レーダーを雨量観測用に改造したレーダー局を開設して（写真-b）、降雨量の、後には降雪量も対象に加えて、地域分布の研究を始めました。しかし、設置したレーダーの機能から、降雨の地域分布についてのめぼしい知見は得られませんでした。ただ、分かったことは、降雨と降雪では

おわりに　　205

(1) 相俣試験地全景

(2) 流量測定三角堰と観測小屋屋上雨量計

(3) 散水実験施設全景
最大散水強度140 mm/hr。どの様な雨の降り方を行っても地表面流は発生しなかった。

写真-a　相俣試験地

降り方が全然と言って良いほど違うということが一つと、流れていく雪雲層は、上面が平らで、山岳に衝突しても、斜面に沿って持ち上げられず、衝突した部分は消えていってしまう、ということでした。

　そこで、降雨の地域分布を間接的でなく直接的に測定することを計画し、海岸から始まる平地を抜けて、丘陵部を通り、険しい山地部の中まで引かれた長さ50 kmの一線上に、基本的に1 km間隔、区間によって250 m間隔に雨量計を配置して（図-a、写真

写真-b 初代雨量測定レーダー
船舶用レーダーを改造。パラボラアンテナの直径は1.2 m。設置場所は小千谷市山本山山頂。

-c)、雨量の一線上の分布を観測する研究を開始しました。この研究では山の中の設計積雪深を5mとしたのですが、それを上回る豪雪に見舞われ、10年掛けてやっと完成した雨量観測線上でのたった1年間の完全な観測だけで、ここでの研究を中止せざるを得なくなりました。準備から撤収までの丸13年間にも及ぶ、大変で、相当危険な研究でした。その結果は、"現在の観測方法で観測された雨量は、上空の雨量よりも雨量計の設置環境に応じて数十％少なく観測されている"という、それまで考えもしなかったことでした。

　この降雨の地域分布の研究では研究資材運搬のためヘリコプターを多用していましたので、空から川の深さや山の積雪深を計る研究も並行して行いました。普段の川の流れの深さは音響測深機を用いて容易に計ることが出来ます。しかし、大水時の激流になると音響測深機を水面に浮かべることが出来ません。そこで、電波を用いて上空から測定することを考え、地質や地下の物体を測定するため開発されている地中レーダーをヘリコプターからつり下げて川の深さ、加えて人が近付けない山奥の積雪の深さ、を計る実験的研究を行い、基礎実験は大成功でした。その後の実証実験の段階で興味を示されるはずの関係部局に協力をお願いしたのですが、どう言う訳か断わられてしまい、この研究は中途半端で終わってしまいました。もし、この技術が実用化されていれば、河川に

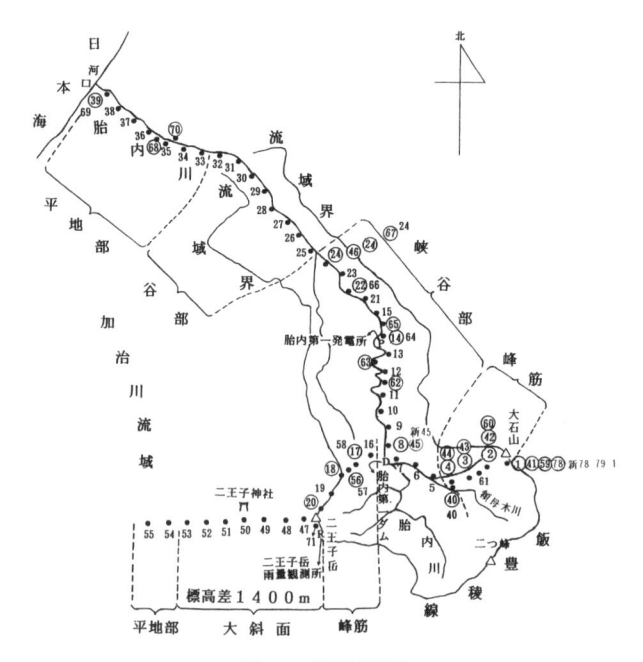

図-a　雨量計配置図

写真-c
普通雨量計。置台が冬季間の雨量計格納容器になっている。設計積雪5m。

雨量観測塔。高さは12m。直径2.5mの雨除けの中央に雨量計が置かれている。

おける大水時の流量観測の精度を飛躍的に上げることが出来たでしょう。誠に残念なことでした。

また、新潟大学在任中、世界20ヵ国を回り、各国の水文事情の調査を行い、日本の国との違いを勉強しました。特にブラジル国の原始のアマゾン川を雨季と乾季、そしてその移り変わりの時季の3回訪ねまして、流出モデルを考えるに当たって大変参考になりました。

以上3段階までの研究が終わった所で、新潟大学を定年退官することになりました。しかしここで引退してしまったのでは、これまでの丸33年間の成果が無になってしまいます。そこで、個人の研究所（岡本水文・河川研究所）を設立、これまでの基礎研究の成果の上に乗った応用研究を続けることを決めました。

ここでは、一線上の雨量観測で新たに得られた雨量に関する知見を取り入れて、既に提起している流出モデルの再組み立てを行い、このモデルを用いて流出計算を行うための方法論の確立とコンピュータ・プログラム化を行って、最終的に新流出計算法の解説書を出版するという目標を立てました。

この応用研究の目標達成に10年近い年月が掛かってしまいました。研究所設立時に購入したUNIXシステムの計算機が日本一の大河の利根川上流域（面積約5900 km^2、約8400分割）の計算を終えた段階で、部分的にダウンしてしまいました。計算機のメーカー保証寿命は5年間ということは知ってはおりましたが、それが当たっていることを思い知らされました。完全ダウンではなかったので、後継のLinuxシステム計算機に辛うじて最終プログラムを移転することが出来ました。長い期間を要する研究では、本質的でない事柄で色々と致命的な問題が発生することを改めて教えられました。

以上に概略を述べさせて頂いたような経過を経て、40有余年に渡る本開発研究のプロジェクトを完了させました。筆者がそれに要した期間は、長すぎたように思われましょう。この間で、日本の国の河川改修事業は、大河川については完了に近くなり、中河川も先が見えてきました。残すは小河川のみという状況に入りました。そして、日本の国の河川事業は、"改修"から"管理"の時代に移り変わりつつあります。現在一般に用いられているような設計大水を決めるための流出計算法ではこれからの時代に対応出来ないことは、明らかです。分割法の開発完了と発表は、時宜を得ることが出来ました。

新方法を"分割法"と命名したのは、基礎とするモデルが降雨の流出現象を細かく分割した上でモデル化されていることと、流出計算が計算流域を細かく分割することで始まっているからです。新流出計算法の正式の呼び名を、"流出計算マルチ・タンク・モデルに基づく分割法（The Dividing Method based on the Multi-Tank-Model for Runoff）"と決めました。

分割法は、細密な方法です。降雨の流出現象を最初は単純に捉え、精密度を求めて段々と複雑化していった結果、現在の細密さにたどり着いたものです。すなわち、"翌檜法（あすなろほう）"とでも呼ぶべきでありましょうか。超細密な分割の結果、係数の数が非常に多くなりました。係数の値の設定は、"当たらずと言えども遠からず"の考え方で出発し、現在の"近くになりつつある"という状況になっております。この方法の今後の課題は、これを"当たっている"にすることです。本方法の適用を拡げながら、分割法を"本檜法（ほんひのき）"に成長させたい、と考えております。分割法で計算をされ、流域独自の係数の値の設定規則を作られた方は、岡本水文・河川研究所に是非お知らせ下さい。皆様のご協力をお願い申し上げます。また不明な点が生じましたら遠慮なく連絡下さい。

最後に、本研究開発に対して多数の方々からの御協力・支援と援助を頂きました。紙上ではありますが、厚く御礼申し上げます。

追記

　"一書成り万朶（ばんだ）の露をちりばめん"

この一句は、筆者が工学研究者になるきっかけとなった初めての単独著書『河川工学解説』（工学出版社、1968）を世に送った際、縁者が設けてくれた祝いの席で、俳人であった義理の叔父長岐靖朗が贈ってくれたものです。
今この一句を頂いた時と同じ悦びに浸っております。

参考文献

　本書発刊に至るまでの流出計算マルチ・タンク・モデルと同モデルによる分割法に関する著者の主要な文献と書籍を以下に掲げます。

1　「日本列島の山林地流域における降雨の流出現象に関する総合的研究」、土木学会論文報告集第 280 号、1978
2　『流出計算「MTM」法解説』亀田ブックサービス、1990（平成元年度科学技術研究補助金「研究成果公開促進費」による出版）
3　「流出計算マルチ・タンク・モデル法Ⅰ～Ⅵ」、『水利科学』257・258・259・260・261・262、水利科学研究所、2001
4　『流出計算マルチ・タンク・モデル法解説』、岡本水文・河川研究所、2002（非市販）
5　「雨量観測線上における細密な雨量観測」『水利科学』318、日本治山治水協会、2011
6　「流出計算マルチ・タンク・モデルに基づく分割法について」『水利科学』320・321・322・323・325・326・327・328、日本治山治水協会、2011・2012

　なお、基礎となる個々の論文については文献 3 の連載の最終回に記載されております。

　流出計算マルチ・タンク・モデルに基づく分割法の開発研究の経緯の発表は、内容が大部で、その連載を学会の雑誌で行うことは不可能だった所、水利科学誌の前発行所の水利科学研究所と現発行所の日本治山治水協会から発表に多大の御協力を得ました。

索引

【ア行】

1時間可能蒸発発散量　135
1時間降雨量　133
一連番号　5
溢流　54
入り口　119
薄い土壌層　120
雨滴　137
雨量　133
雨量計　133
小川の流れと岸　122
小川の面　122
オリフィス（穴）式水尻　101

【カ行】

改修河川　34
風の陰　46
下層土層　138
河道貯留関係河川　34
河道通過時間　142
河道の消滅　99
枯れ葉の層　137
かわ　24
川　24
川の連なり　24
川の流れの単純化　122
川の始まり点　24
環境補正係数　133
貫入火成岩　34
岩盤の表面　135
気温観測所　52
気候の温暖化　95
疑似非線形タンク　125
基準の山の高さ　183
基礎モデル　116
基盤岩層　120

基本区切り点　24
基本データ　2
義務放流量　51
逆流　2
吸湿水　137
区間の川　25
区切り区間　24
計算開始時　194
計算開始水深　194
計算開始流量　194
計算結果表示地点　51
計算時間間隔　127
系統　29
検証　201
高機能プラニメータ　22
工業用水　44
工業用水補給　45
高水　141
高水時の流下速度　140
高水と中水の境目　140
高中水　141
高度差補正係数　134
合流関係　31
湖岸線　28
湖面標高　32

【サ行】

再現計画　94
最高標高　33
最終浸透能力　139
砕屑物　34
作業用地形図　56
作柄表示地帯　35
差し引きタンク　125
砂防ダム　24
3分間雨量　6

山林　104
山林の効果　106
時間雨量計　134
時間平均値　52
時間流量データ　52
自然河川　34
自然の流れ　47
実測放流流量　52
実測流量　52
自動生成　124
指標値　193
締固層　157
地面を吹く風　133
遮断量　139
重力　137
重力水　137
重力水孔隙　138
重力水孔隙係数　138
重力水孔隙量　138
樹根層　138
受水器の縁の高さ　133
樹木層　137
瞬間移動　99
瞬間値　52
上空の風　133
上層土層　138
蒸発発散　135
蒸発発散係数　135
蒸発発散量　134
上流端の分割　27
助炭形（風よけ）　46
人工の流れ　97
滲透　25
滲透地　95
森林　104
水系　24
水系構成図　29
水系の本流　29
水滴　137
水田の雨水貯留機能　100

水田の治水効果　101
水道用水　44
水道用水補給　45
水平分離　48
水面　24
水門　28
水文データ　51
水文データのある流域　2
水文データのない流域　2
数値計算　130
図郭　22
図郭線　22
図心　31
世界記録　95
世界測地系　22
堰板式水尻　101
責任放流量　43
設計大水　94
節理　138
節理による割れ目　138
線形タンク　125
全体モデル　130
線の川　34
線の川の面積率　177

【タ行】
堆積岩　34
他水系流量　45
谷川の流れと岸　121
谷川の面　121
ダミーの分割　29
ダムの負の効果　100
多目的ダム　43
短期間計算　46
暖候期　113
暖候期間　47
段差　32
単純な水路　123
田圃の治水機能　102
地下水層の過程　131

地下排水　38
地形図　22
地質境界線　23
地質図　22
治水ダム　41
地層　137
地帯　34
地方記録　95
中間層の過程　131
中間の分割　27
抽出票　4
中水　141
中水と低水の境目　140
注水用水　44
中中水　141
長期間の計算　113
帳票　4
帳票の原票　8
直線の折れ線　127
追加区切り点　24
月平均気温　134
月平均理論日可照時間　134
低水　141
低水時の流下速度　140
低中水　141
出口　119
等流計算　34
登録　30
独立　5
土地分類図　22
土地利用抽出票　4

【ナ行】
内水　28
流れ込み式発電　46
日可能蒸発発散量　135
日本記録　95
日本測地系　22
農業用水　44
農業用水補給　45

【ハ行】
排水機　28
排水装置　38
排水ポンプ　28
ハイドログラフ　48
パウルハウスの理論式　95
発電用水　44
発電用水補給　45
発電余水吐　46
幅のある川　34
樋管　28
日照り　105
一塊の岩　138
非舗装地　148
樋門　28
表層地質図　22
表土層　121
不浸透地　95
普通雨量計　134
普通の出水　119
不等流計算　34
不特定用水　64
不特定用水補給　45
分割線　25
分派　41
分派河川の名前　31
分流　41
変成岩　34
飽和水蒸気量　134
舗装地　148

【マ行】
未固結の砕屑物　121
湖　24
湖の岸の分割　28
湖の分割　119
水尻　100
水尻の堰　144
緑のインフラ　101
水口　100

毛管水　137
毛管水孔隙　138
毛管水孔隙係数　138
毛管水孔隙量　138
毛管力　137
最寄りの川　25

【ヤ行】
山の高さ比　183
有効な風よけ　46
熔岩　34
要素過程　130
要素モデル　130
余水吐　46

【ラ行】
落差　33
利水ダム　43
流域　24
流域の乾燥度　51
流域の出口　24
流域の分割数　5
流域分割図　29

著者紹介

岡本　芳美（をかもと・よしはる）

【経歴】
- 1937年　仙台市に生まれる
- 1959年　東京都立大学工学部土木工学科卒業
  - 建設省入省、建設技官
  - 関東地方建設局企画室
  - 利根川下流工事事務所波崎出張所、同事務所調査課調査係
  - 河川局治水課
  - 関東地方建設局企画室地方計画係長
  - 利根川上流工事事務所渡良瀬川遊水地出張所長、同事務所調査課長
  - 建設大学校教官
- 1969年　文部省転任、新潟大学助教授（工学部土木工学科）
- 1991年　新潟大学教授
- 2002年　文部省退官、岡本水文・河川研究所設立

【学位】
　工学博士（"山地河川流域に於ける降雨による洪水流出現象の研究" により東京都立大学より、1980年）

【代表著書】
　単著　『河川工学解説』（工学出版社、1968年）
　　　　『技術水文学』（日刊工業新聞社、1982年）
　　　　『開水路の水理学解説』（鹿島出版社、1995年）
　　　　『緑のダム・人工のダム』（亀田ブックサービス、1995年）
　共著　『土木学会編　土木工学ハンドブック　第27編　河川』（技報堂出版、1964年）
　　　　『図解土木用語辞典』（土木用語辞典編集委員会、日刊工業新聞社、1969年）
　　　　『水の総合辞典』（水の総合辞典編集委員会、丸善、2009年）

【代表論文】
　"日本列島の山林地流域における降雨の流出現象に関する総合的研究"（土木学会論文報告集第280号、1978年12月）
　"雨量観測線上における細密な雨量観測"（水利科学　No.318、2011年4月）

岡本水文・河川研究所
　住所　〒950-0904　新潟県新潟市中央区水島町10-25-513
　電話　025-250-7341
　FAX　025-250-7342
　Eメール　okamotoy@beach.ocn.ne.jp

河川管理のための流出計算法

2014年 4月10日 初版発行

著者―――――岡本芳美
発行者―――――土井二郎
発行所―――――築地書館株式会社
　　　　　　　東京都中央区築地 7-4-4-201　〒 104-0045
　　　　　　　TEL 03-3542-3731　FAX 03-3541-5799
　　　　　　　http://www.tsukiji-shokan.co.jp/
　　　　　　　振替 00110-5-19057
印刷・製本―――シナノ印刷株式会社

© Yoshiharu Okamoto 2014　Printed in Japan.　ISBN978-4-8067-1474-3

・本書の複写にかかる複製、上映、譲渡、公衆送信（送信可能化を含む）の各権利は築地書館株式会社が管理の委託を受けています。
・JCOPY〈(社)出版者著作権管理機構 委託出版物〉
本書の無断複写は著作権法上での例外を除き禁じられています。複写される場合は、そのつど事前に、(社)出版者著作権管理機構（TEL03-3513-6969、FAX03-3513-6979、e-mail: info@jcopy.or.jp）の許諾を得てください。

●水と防災を考える本

《価格は 2014 年 3 月現在》

川と海　流域圏の科学
宇野木早苗＋山本民次＋清野聡子［編］　3000 円＋税

川は海にどのような影響をあたえるのか――
河川事業が海の地形、水質、底質、生物、漁獲などにあたえる影響など、現在、科学的に解明されていることを可能なかぎり明らかにし、海の保全を考慮した河川管理のあり方への指針を示す。
自然形成、環境問題を総合的に記述した画期的な本。

水の革命
森林・食糧生産・河川・流域圏の統合的管理
イアン・カルダー［著］　蔵治光一郎＋林裕美子［監訳］　3000 円＋税

森林と水に関する諸説を検証し、土地利用と水循環、利用可能な地表水・地下水量推定の新しい手法、経済開発・環境保全・社会的公平性・持続可能性を両立させる政策、流域圏での土地・水資源の適切な配分の枠組みを解説。

流系の科学
山・川・海を貫く水の振る舞い
宇野木早苗［著］　3500 円＋税

大気から山地に降った雨が森・川を経由して大海に消えていく、太陽系唯一と考えられる水系全体の姿――物理過程を中心に、その概要を描いた日本で初めての一冊。水系と社会との関わりにもスポットをあて、今後の河川改変のあり方への指針を示す。

防災事典
日本自然災害学会［監修］　35000 円＋税

第一線の研究者、現場技術者、政府、自治体の防災担当者が執筆した、阪神・淡路大震災の教訓を活かした日本初の防災事典。
分野別項目リストを収録、また関連・参照項目を充実させることで、防災の諸要素が把握できる。災害のメカニズムから防災対策まで、現場での実務に役立つ一冊。

詳しい内容はホームページ http://www.tsukiji-shokan.co.jp/ へ